# 深度思维

问道 著

## 思维深度决定你最终能走多远

中国华侨出版社

·北京·

　　思维是一种复杂的心理现象，心理学家与哲学家都认为思维是人脑经过长期进化而形成的一种特有的精神活力，并把思维定义为"人脑对客观事物的本质属性和事物之间内在联系的规律性所做出的概括与间接的反应"。我们所说的思维方法就是思考问题的方法，是将思维运用到日常生活中，用于解决问题的具体思考模式。

　　思维控制了一个人的思想和行动，也决定了一个人的视野、事业和成就。不同的思维会产生不同的观念和态度，不同的观念和态度会产生不同的行动，不同的行动会产生不同的结果。做任何事情，如果缺乏良好的思维，就会障碍重重，非但难以解决问题，而且还会使事情变得愈加复杂。只有具有良好的思维，才能化解生活的难题，收获理想的硕果，而深度思维是开拓成功道路的重要动力源。

　　深度思维给人的初始联想，大约是更深刻的思维、更高级的思维，深度思维拥有较长的思维逻辑链，能够认知较长的因果链条，能够突破自我中心的局限，灵活切换看待问题的视角，能够处理较大的信息量，在杂乱的信息流中保持思维能力，能够在宏观视角上分析问题，认知事物所处的生态的特性、事物的长期趋势等。

在深度思维能力培养的过程中，我们还需要进行具体可操作的训练。思维能力是相对抽象的东西，它不像知识点的学习那样明确——掌握几个公式，或者背诵一篇文章。

本书向读者介绍了几种重要的深度思维方法，其最主要的目的就是帮助读者发掘出头脑中的资源，使大家掌握开启智慧的钥匙。同时，也为读者打开了洞察世界的窗口，每一种思维方法向读者提供了一种思考问题的方式和角度，而各种思维本身又是相互交融、相互渗透的，在运用联想思维的同时，必然会伴随着形象思维，在运用逆向思维的时候，又会受到辩证思维的指引。这些思维方法的有机结合，为我们构建了全方位的视角，为各种问题的解决和思考维度的延伸提供了行之有效的指导。

这些深度思维的方法可以帮助我们解决生活中的各种问题，使我们从容面对遭遇到的各种困境，无论是游戏、学习、工作、人际交往、经营管理，还是教育孩子、解决生活的困惑，都离不开这些思维方法的运用，它们就像一位位忠实的智者，时刻陪伴在我们身边，在我们最需要它们的时候各自大显神通。

思路决定出路，思维影响人生。改变命运，成就人生，从改变思维开始。

第三章

## 换位思维——有效获取对方观点的逻辑和方法

第四章

## 形象思维——将抽象问题具体化的思维模式

**深度思维**
思维深度决定你最终能走多远

第五章

## 博弈思维——掌握主导权的法则

第六章

## 系统思维——从更高层面上解决问题的方法

第七章

## 辩证思维——真理就住在谬误的隔壁

第八章

## 共赢思维——化冲突为合作的高效沟通艺术

第一章

思维的深度，决定你能走多远

# 思维：人类最本质的区别

鲁迅先生说过这样一段话："外国用火药制造子弹来打敌人，中国却用它做爆竹敬神；外国用罗盘来航海，中国却用它来测风水；外国用鸦片来医病，中国却拿它当饭吃。"我们在回味鲁迅先生的这番尖锐的评论时，不应只将其作为揭露国人悲哀的样板，更应当思考其中蕴含的更深层的意义：面对同样的事物，中国人与外国人为什么会采取不同的态度？为什么会有截然不同的用途？

难道说中国人没有外国人聪明？但事实却是中国人发明火药、指南针的时间分别比外国人早了 700 多年、1350 多年。难道说中国人不思进取、甘愿落后？这恐怕也不符合事实。中国人一向以自强不息、积极向上的面孔示人。那么，我们只能将其归结为思维方法的不同。

思维是一种复杂的心理现象，心理学家与哲学家都认为思维是人脑经过长期进化而形成的一种特有的精神活力，并把思维定义为"人脑对客观事物的本质属性和事物之间内在联系的规律性所做出的概括与间接的反应"。我们所说的思维方法就是思考问题的方法，是将思维运用到日常生活中，用于解决问题的具体思考模式。

我们说，思路决定出路。因为思维方法不同，因此看问题的角度与方式就不同；因为思维方法不同，因此我们所采取的行动方案就不同；因为思维方法不同，因此我们面对机遇进行的选择就不同；因为思维方法不同，因此我们在人生路上收获的成果就不同。

有这样一个小故事，希望能对大家有所启发。

两个乡下人外出打工，一个打算去上海，另一个打算去北京。可是在候车厅等车时，又都改变了主意，因为他们听邻座的人议论说，上海人精明，外地人问路都收费；北京人质朴，见吃不上饭的人，不仅给馒头，还送旧衣服。去上海的人想，还是北京好，赚不到钱也饿不死，幸亏车还没到，不然真是掉进了火坑。去北京的人想，还是上海好，给人带路都挣钱，还有什么不能赚钱的呢？幸好我还没上车，不然就失去了一次致富的机会。

于是他们在退票处相遇了。原来要去北京的得到了去上海的票，原来要去上海的得到了去北京的票。去北京的人发现，北京果然好，他初到北京的一个月，什么都没干，竟然没有饿着。不仅银行大厅的太空水可以白喝，而且商场里欢迎品尝的点心也可以白吃。去上海的人发现，上海果然是一个可以发财的城市，干什么都可以赚钱，带路可以赚钱，开厕所可以赚钱，弄盆凉水让人洗脸也可以赚钱。只要想办法，花点力气就可以赚钱。

凭着乡下人对泥土的感情和认识，他从郊外装了 10 包含有沙子和树叶的土，以"花盆土"的名义，向不见泥土又爱花的上海人出售。当天他在城郊间往返 6 次，净赚了 50 元钱。一年后，凭"花盆土"，他竟然在大上海拥有了一间小小的门面房。在长年的走街串巷中，他又有一个新发现：一些商店楼面亮丽而招牌较黑，一打听才知道是清洗公司只负责洗楼而不负责洗招牌的结果。他立即抓住这一空当，买了梯子、水桶和抹布，办起了一个小型清洗公司，专门负责清洗招牌。如今他的公司已有 150 多名员工，业务也由上海发展到了杭州和南京。

前不久，他坐火车去北京考察清洗市场。在北京站，一个捡破烂的人把头伸进卧铺车厢，向他要一个啤酒瓶，就在递瓶时，两人都愣住了，因为 5 年前他们交换过一次车票。

我们常常感叹：面对相同的境遇，拥有相近的出身背景，持有相同的学历文凭，付出相近的努力，为什么有的人能够脱颖而出，而有的人只能流于平庸？为什么有的人能够飞黄腾达、演绎完美人生，而有的人只能一败涂地、满怀怨恨而终？

我们不得不说，这些区别和差距的产生往往也源于思维方法的不同。

成功者之所以成功，是因为他们掌握并运用了正确的思维方法。正确的思维方法可以为人们提供更为准确、更为开阔的视角，能够帮助人们洞穿问题的本质，把握成功的先机。而失败的人之所以失败，是因为他们不善于改变思维方法，陷入了思维的误区和解决问题的困境，就像一位工匠雕琢一件艺术品时选错了工具，最后得到的必然不会是精品。

为什么从苹果落地的简单事件中，只有牛顿能够引发万有引力的联想？为什么看到风吹吊灯的摆动，只有伽利略能够发现单摆的规律？为什么看到开水沸腾的景象，只有瓦特能够将其原理运用到蒸汽机的创造之中？因为他们运用了正确的思维方法，所以他们才能走在时代的前沿。

思维是足以影响人成败的关键因素，它就像蕴藏在大脑中的石油，只要合理地发掘和利用，就能够帮助我们创造出越来越多的奇迹和美好篇章；反之，只能造成资源的浪费与一生成就的湮没。

# 启迪思维是提升智慧的途径

————

　　我们一直都深信"知识就是力量"，并将其奉为金科玉律，认为只要有了文凭，有了知识，自身的能力就无可限量了。事实却不完全如此，下面这个小故事也许能够给你带来一些启示。

　　在很久以前的希腊，一位年轻人不远万里四处拜师求学，为的是能得到真才实学。他很幸运，一路上遇到了许多学识渊博者，他们感动于年轻人的诚心，将毕生的学识毫无保留地传授给了年轻人。可是让年轻人感到苦恼的是，他学到的知识越多，就越觉得自己无知和浅薄。

　　他感到极度困惑，这种苦恼时刻折磨着他，使他寝食难安。于是，他决定去拜访远方的一位智者，据说这位智者能够帮助人们解决任何难题。他见到了智者，便向他倾诉了自己的苦恼，并请求智者想一个办法，让他从苦恼当中解脱出来。

　　智者听完了他的诉说之后，静静地想了一会儿，接着慢慢地问道："你求学的目的是求知识还是求智慧？"年轻人听后大为惊诧，不解地问道："求知识和求智慧有什么不同吗？"那位智者笑道："这两者当然不同了，求知识是求之于外，当你对外在世界了解得越深、越广，你所遇到的问题也就越多、越难，这样你自然会感到学到的越多就越无知和浅薄。而求智慧则不然，求智慧是求之于内，当你对自己的内心世界了解得越多、越深时，你的心智就越圆融无缺，你就会感到一股来自内在的智性和力量，也就不会有这么多的烦恼了。"

年轻人听后还是不明白，继续问道："智者，请您讲得更简单一点好吗？"智者就打了一个比喻："有两个人要上山去打柴，一个早早地就出发了，来到山上后却发现自己忘了磨砍柴刀，只好用钝刀劈柴。另一个人则没有急于上山，而是先在家把刀磨快后才上山，你说这两个人谁打的柴更多呢？"年轻人听后恍然大悟，对智者说："您的意思是，我就是那个只顾砍柴而忘记磨刀的人吧！"智者笑而不答。

人们往往把知识与智慧混为一谈，其实这是一种错误的观念。知识与智慧并不是一回事，一个人知识的多少，是指他对外在客观世界的了解程度，而智慧水平的高低不仅在于他拥有多少知识，还在于他驾驭知识、运用知识的能力。其中，思维能力的强弱对其具有举足轻重的作用。

人们对客观事物的认识，第一步是接触外界事物，产生感觉、知觉和印象，这属于感性认识阶段；第二步是将综合感觉的材料加以整理和改造，逐渐把握事物的本质、规律，产生认识过程的飞跃，进而构成判断和推理，这属于理性认识阶段，我们说的思维指的就是这一阶段。

在现实生活中，我们常常看到有的人知识、理论一大堆，谈论起来引经据典、头头是道，可一旦面对实际问题，却束手束脚不知如何是好。这是因为他们虽然掌握了知识，却不善于通过开启思维运用知识。另有一些人，他们的知识不多，但他们的思维活跃、思路敏捷，能够把有限的知识举一反三，将之灵活地应用到实践当中。

南北朝的贾思勰，读了荀子《劝学篇》中"蓬生麻中，不扶而直"的话，他想：细长的蓬生长在粗壮的麻中会长得很直，那么，细弱的槐树苗种在麻田里，也会这样吗？于是他开始做试验，由于阳光被麻遮住，槐树为了争夺阳光只能拼命地向上长。三年过后，槐树果然长得又高又直。由此，贾思勰发现植物生长的一种普遍现象，并总结出了一套规律。

古希腊哲学家赫拉克利特说：知识不等于智慧。掌握知识和拥有智慧是人的两种不同层次的素质。对于它们的关系，我们可以打这样一个比方：智慧好比人体吸收的营养，而知识是人体摄取的食物，思维能力是人体消化的功能。人体能吸收多少营养，不仅在于食物品质的好坏，也在于消化功能的优劣。如果一味地贪求知识的增加，而运用知识的思维能力一直在原地踏步，那么他掌握的知识就会在他的头脑当中处于僵化状态，反而会对他实践能力的发挥形成束缚和障碍。这就像消化不良的人吃了过多的食物，多余的营养无法吸收，反倒对身体有害。

我们一再强调思维的意义，绝非贬低知识的价值。我们知道，思维是围绕知识而存在的，没有了知识的积累，思维的灵活运用也会存在障碍。因此，学习知识和启迪思维是提升自身智慧不可偏废的两个方面。没有知识的支撑，智慧也就成了无源之水，无本之木；没有思维的驾驭，知识就像一潭死水，波澜不兴，智慧也就更无从谈起了。

# 环境不是失败的借口

———————

有些人回首往昔的时候，不免满是悔恨与感叹：努力了，却没有得到应有的回报；拼搏了，却没有得到应有的成功。他们抱怨，抱怨自己的出身背景没有别人好，抱怨自己的生长环境没有别人优越，抱怨自己拥有的资源没有别人丰富。总之，外界的一切都成了他们抱怨的对象。在他们的眼里，环境的不尽如人意是导致失败的关键因素。

然而，他们错了。环境并不能成为失败的借口。环境也许恶劣，资源也许匮乏，但只要积极地改变自己的思维，一定会有更好的解决问题的办法，一定会得到"柳暗花明又一村"的效果。

我们身边的许多人，就是通过灵活地运用自己的思维，改变了不利的环境，使有限的资源发挥出了最大的效益。

广州有一家礼品店，在以报纸做图案的包装纸的启发下，通过联系一些事业单位低价收购大量发黄的旧报纸，推出用旧报纸免费包装所售礼品的服务。店主特地从报纸中挑选出特殊日子的或有特别图案的，并分类命名，使顾客还可以根据自己的个性和爱好选择相应的报纸。这种服务推出后，礼品店的生意很快就火了起来。

这家礼品店的老板不见得比我们聪明，他可以利用的资源也不比别的礼品店经营者的多，但他却成功了。因为他转变了思维，寻找到了一个新方法。

我们在做事过程中经常会遇到资源匮乏的问题，但只要我们肯动脑筋，善于打通自己的思维网络，激发头脑中的无限创意，就一定能够将问题圆满解决。

总是有人抱怨手中的资源太少，无法做成大事。而一流的人才根本不看资源的多少，而是凡事都讲思维的运用。只要有了创造性思维，即使资源少一些又有什么关系呢？

1972年新加坡旅游局给总理李光耀打了一份报告说：

"新加坡不像埃及有金字塔，不像中国有长城，不像日本有富士山，不像夏威夷有十几米高的海浪。我们除了一年四季直射的阳光，什么名胜古迹都没有。要发展旅游事业，实在是巧妇难为无米之炊。"

李光耀看过报告后，在报告上批下这么一行文字：

"你还想让上帝给我们多少东西？上帝给了我们最好的阳光，只要有阳光就够了！"

后来，新加坡利用一年四季直射的阳光，大量种植奇花异草、名树修竹，在很短的时间内就发展成为世界上著名的"花园城市"，连续多年旅游业收入位列亚洲第二。

是啊，只要有阳光就够了。充分地利用这"有限"的资源，将其赋予"无限"的创意思维，即使只具备一两点与众不同之处，也是可以取得巨大的成功的。

　　每一件事情都是一个资源整合的过程，不要指望别人将所需资源全部准备妥当，只等你来"拼装"；也不要指望你所处的环境是多么地尽如人意。任何事情都需要你开启自己的智慧，改变自己的思维，积极地去寻找资源，没有资源也要努力创造资源。只有这样，才能渐渐踏上成功之路。

# 正确的思维为成功加速

思维是一种心境，是一种妙不可言的感悟。在伴随人们实践行动的过程中，正确的思维方法、良好的思路是化解疑难问题、开拓成功道路的重要动力源。一个成功的人，首先是一个积极的思考者，经常积极地想方设法运用各种思维方法，去应对各种挑战和应付各种困难。因此，这种人也较容易体味到成功的欣喜。

美国船王丹尼尔·洛维格就是一个典型的成功例子。

从他获得自己的第一桶金，乃至他后来拥有数十亿美元的资产，都和他善于运用思维、善于变通地寻找方法的特点息息相关。

洛维格第一次跨进银行的大门，人家看了看他那磨破了的衬衫领子，又见他没有什么可作抵押的东西，很自然地拒绝了他的贷款申请。

后来，他又来到大通银行，千方百计总算见到了该银行的总裁。他对总裁说，他把货轮买到后，立即改装成油轮，他已把这艘尚未买下的船租给了一家石油公司。石油公司每月支付的租金，就用来分期还他要借的这笔贷款。他说他可以把租契交给银行，由银行去跟那家石油公司收租金，这样就等于在分期付款了。

大通银行的总裁想：洛维格不名一文，也许没有什么信用可言，但是那家石油公司的信用却是可靠的。拿着租契去石油公司按月收钱，这自然是十分稳妥的。

洛维格终于贷到了第一笔款。他买下了他所要的旧货轮，把它改装成油轮，租给了石油公司。然后又利用这艘船作抵押，借了另一笔款，又买了一艘船。

洛维格能够克服困难，最终达到自己的目的，他的成功与精明之处，就在于能够变通，用巧妙的方法使对方忽略他的不名一文，而看到他的背后有一家石油公司的可靠信用为他作支撑，从而成功地借到了钱。

和洛维格相仿，委内瑞拉人拉菲尔·杜德拉也是凭借积极的思维方法，不断找到好机会进行投资而成功的。在不到20年的时间里，他就建立了投资额达10亿美元的事业。

在20世纪60年代中期，杜德拉在委内瑞拉的首都拥有一家很小的玻璃制造公司。可是，他并不满足于干这个行当，他学过石油工程，他认为石油是个能赚大钱且更能施展自己才干的行业，他一心想跻身于石油界。

有一天，他从朋友那里得到一则信息，说是阿根廷打算从国际市场上采购价值2000万美元的丁烷气。得此信息，他充满了希望，认为跻身于石油界的良机已到，于是立即前往阿根廷活动，想争取到这笔合同。

去后，他才知道早已有英国石油公司和壳牌石油公司两个老牌大企业在频繁活动了。这是两家难以对付的竞争对手，更何况自己对石油业并不熟悉，资本又不雄厚，要成交这笔生意难度很大。但他并没有就此罢休，他决定采取迂回战术。

一天，他从一个朋友处了解到阿根廷的牛肉过剩，急于找门路出口外销。他灵机一动，感到幸运之神到来了，这等于向他提供了同英国石油公司及壳牌公司同等竞争的机会，对此他充满了必胜的信心。

他旋即去找阿根廷政府。当时他虽然还没有掌握丁烷气，但他确信自己能够弄到，他对阿根廷政府说："如果你们向我买2000万美元的丁烷气，我便买你2000万美元的牛肉。"当时，阿根廷政府想赶紧把牛肉推销出去，便把购买丁烷气的投标给了杜德拉，他终于战胜了两个强大的竞争对手。

投标争取到后，他立即筹办丁烷气。他随即飞往西班牙，当时西班牙有一家大船厂，由于缺少订货而濒临倒闭。西班牙政府对这家船厂的命运十分关切，想挽救这家船厂。

这一则消息对杜德拉来说，又是一个可以把握的好机会。他便去找西班牙政府商谈，杜德拉说："假如你们向我买2000万美元的牛肉，我便向你们的船厂订制一艘价值2000万美元的超级油轮。"西班牙政府官员对此求之不得，当即拍板成交，马上通过西班牙驻阿根廷使馆与阿根廷政府联络，请阿根廷政府将杜德拉所订购的

2000 万美元的牛肉直接运到西班牙来。

杜德拉把 2000 万美元的牛肉转销出去之后，继续寻找丁烷气。他到了美国费城，找到太阳石油公司，他对太阳石油公司说："如果你们能出 2000 万美元租用我这艘油轮，我就向你们购买 2000 万美元的丁烷气。"太阳石油公司接受了杜德拉的建议。从此，他便打进了石油业，实现了跻身于石油界的愿望。经过苦心经营，他终于成为委内瑞拉石油界的巨子。

洛维格与杜德拉都是具有大智慧、大胆魄的商业奇才。他们能够在困境中积极灵活地运用自己的思维，变通地寻找方法，创造机会，将难题转化为有利的条件，创造更多可以利用的资源。

这两个人的事例告诉我们：影响我们人生的绝不仅仅是环境，在很大程度上，思维控制了个人的行动和思想。同时，思维也决定了自己的视野、事业和成就。美国一位著名的商业人士在总结自己的成功经验时说，他的成功就在于他善于运用思维、改变思维，他能根据不同的困难，采取不同的方法，最终克服困难。

思维决定着一个人的行为，决定着一个人的学习、工作和处世的态度。正确的思维可以为成功加速，只有明白了这个道理，才能够较好地把握自己，才能够从容地解决生活中的难题，才能够顺利地到达智慧的最高境界。

# 改变思维，改变人生

马尔比·D.巴布科克说："最常见同时也是代价最高昂的一个错误，就是认为成功依赖于某种天才、某种魔力，某些我们不具备的东西。"成功的要素其实掌握在我们自己手中，那就是正确的思维。一个人能飞多高，并非由人的其他因素，而是由他自己的思维所制约。

下面有这样一个故事，相信对大家会有启发。

一对老夫妻结婚50周年之际，他们的儿女为了感谢他们的养育之恩，送给他们一张世界上最豪华游轮的头等舱船票。老夫妻非常高兴，登上了豪华游轮。真的是大开眼界，可以容纳几千人的豪华餐厅、歌舞厅、游泳池、赌厅等应有尽有。唯一遗憾的是，这些设施的价格非常昂贵，老夫妻一向很节省，舍不得去消费，只好待在豪华的头等舱里，或者到甲板上吹吹风，还好来的时候他们怕吃不惯船上的食物，带了一箱泡面。

转眼游轮的旅程要结束了，老夫妻商量，回去以后如果邻居们问起来船上的饮食娱乐怎么样，他们都无法回答，所以决定最后一晚的晚餐到豪华餐厅里吃一顿，反正是最后一次了，奢侈一次也无所谓。他们到了豪华的餐厅，烛光晚餐、精美的食物，他们吃得很开心，仿佛找到了初恋时候的感觉。晚餐结束后，丈夫叫来服务员要结账。服务员非常有礼貌地说："请出示一下您的船票。"丈夫很生气："难道你以为我们是偷渡上来的吗？"说着把船票丢给了服务员，服务员接过船票，在船票背面的很多空栏里画去了一格，并且十分惊讶地说："二位上船以后没有任何消费吗？这是头等舱船票，船上所有的饮食、娱乐，包括赌博筹码都已经包含在船票里了。"

这对老夫妇为什么不能够尽情享受？是他们的思维禁锢了他们的行为，他们没有想到将船票翻到背面看一看。我们每一个人都会遇到类似的经历，总是死守着现状而不愿改变。就像我们头脑中的思维方式，一旦哪一种观念占据了上风，便很难改变或不愿去改变，导致做事风格与方法没有半点变通的余地，最终只能将自己逼入"死胡同"。

如果我们能够像下面故事中的比尔一样，适时地转换自己的思维方法，就会使自己的思路更加清晰，视野更加开阔，做事的方法也会灵活转变，自然就会取得更优秀的成就。从某种程度上讲，改变了思维，人生的轨迹也会随之改变。

从前有一个村庄严重缺少饮用水，为了根本性地解决这个问题，村里的长者决定对外签订一份送水合同，以便每天都能有人把水送到村子里。艾德和比尔两个人愿意接受这份工作，于是村里的长者把这份合同同时给了这两个人，因为他们知道一定的竞争将既有益于保持价格低廉，又能确保水的供应。

　　拿到合同后，比尔就奇怪地消失了，艾德立即行动了起来。没有了竞争使他很高兴，他每日奔波于相距 1 公里的湖泊和村庄之间，用水桶从湖中打水并运回村庄，再把打来的水倒在由村民们修建的一个结实的大蓄水池中。每天早晨他都必须起得比其他村民早，以便当村民需要用水时，蓄水池中已有足够的水供他们使用。这是一项相当艰苦的工作，但艾德很高兴，因为他能不断地挣到钱。

　　几个月后，比尔带着一个施工队和一笔投资回到了村庄。原来，比尔做了一份详细的商业计划，并凭借这份计划书找到了 4 位投资者，和他们一起开了一家公司，并雇用了一位职业经理。比尔的公司花了整整一年时间，修建了从村庄通往湖泊的输水管道。

　　在隆重的贯通典礼上，比尔宣布他的水比艾德的水更干净，因为比尔知道有许多人抱怨艾德的水中有灰尘。比尔还宣称，他能够每天 24 小时、一星期 7 天不间断地为村民提供用水，而艾德却只能在工作日里送水，因为他在周末同样需要休息。同时比尔还宣布，对这种质量更高、供应更为可靠的水，他收取的价格却是艾德的75%。于是村民们欢呼雀跃、奔走相告，并立刻要求从比尔的管道上接水龙头。

　　为了与比尔竞争，艾德也立刻将他的水价降低到原来的 75%，并且多买了几个水桶，以便每次多运送几桶水。为了减少灰尘，他还给每个桶都加上了盖子。用水需求越来越大，艾德一个人已经难以应付，他不得已雇用了员工，可又遇到了令他头痛的工会问题。

工会要求他付更高的工资、提供更好的福利，并要求降低劳动强度，允许工会成员每次只运送一桶水。

此时，比尔又在想，这个村庄需要水，其他有类似环境的村庄一定也需要水。于是他重新制订了他的商业计划，开始向其他的村庄推销他的快速、大容量、低成本并且卫生的送水系统。每送出一桶水他只赚1便士，但是每天他能送几十万桶水。无论他是否工作，几十万人都要消费这几十万桶的水，而所有的这些钱最后都流入比尔的银行账户。显然，比尔不但开发了使水流向村庄的管道，而且还开发了一个使钱流向自己钱包的"管道"。

从此以后，比尔幸福地生活着，而艾德在他的余生里仍拼命地工作，最终还是陷入了"永久"的财务问题中。

比尔之所以能获得成功，就在于他懂得及时转变思维。当得到送水合同时，他并没有立即投入挑水的队伍中，而是运用他的系统思维将送水工程变成了一个体系，在这个体系中的人物各有分工，通力协作。当这一送水模式在本村庄获得成功后，比尔又运用他的联想思维与类比思维，考虑到其他的村庄也需要这种安全卫生方便的送水服务，更加开拓了他的业务范围。比尔正是运用了巧妙的思维达到了"巧干"的结果。

思路决定出路，思维改变人生。拥有正确的思维，运用正确的思维，灵活改变自己的思维，才能使自己的路越走越宽，才能使自己的成就越来越显著，才能演绎出更加精彩的人生。

# 让思维的视野再扩大一倍

————

有人问：创造性最重要的先决条件是什么？我们给出的答案是"思维开阔"。

我们假设你站在房子中央，如果你朝着一个方向走2步、3步、5步、7步或10步，你能看到多少原来看不到的东西呢？房子还是原来的房子，院子还是原来的院子。现在设想你离开房子走了100步、500步、700步，是否看到了更多的新东西？再设想你离开房子走了100米、1000米或10000米，你的视野是否有所改变？你是否看到了许多新的景色？你身边到处都是新的发现、新的事物、新的体验，你必须准备多迈出几步，因为你走得越远，有新发现的概率越高。

由于受到各种思维定式的影响，人们对司空见惯的事物其实并不真正了解。也可以说，我们经常自以为海阔天空、无拘无束地思索，其实说不定只是在原地兜圈子。只有当我们将自己的视野扩大一些，来观察这同一个世界的时候，才可能发现它有许许多多奇妙的地方，才能发觉原先思考的范围很狭窄。

意大利有一所美术学院，在学生外出写生时，教师要求他们背对景物，脖子拼命朝后仰，颠倒过来观察要画的景物。据说，这样才能摆脱日常观察事物所形成的定式，从而扩大视野，在熟悉的景物中看出新意，或者发现平时所忽略的某些细节。

同样的道理，当我们欣赏落日余晖的时候，不妨把目光转向东方，那里有许多被人忽略的壮丽景观，像流动的彩云、窗户上反射出的日光等；还可以把目光转向北方、南方的整个天空，这也是一种训练观察范围的方法，随着观察范围的扩大，创意的素材就会源源不断地进入我们的头脑。

也许有人会认为，观察和思考某一个对象，就应该全力集中在这一个对象身上，不应该扩大观察和思考的范围，以免分散注意力。而实际情况并非如此。多视角、多项感官机能的调动对创新思维往往能够起到促进作用。人们发现，儿童在回答创意测验题时，喜欢用眼睛扫视四周，试图找到某种线索。线索丰富的环境能够给被试者以良好的思维刺激，使他获得更多的创见。

科学家进行过这样一次测试，首先把一群人关进一所无光、无声的室内，使他们的感官不能充分发挥作用。然后再对他们进行创新思维的测试，结果，这些人的得分比其他人要低很多。

由此可见，观察和思考的范围不能过于狭窄。

扩展思维的广度，也就意味着思维在数量上的增加，像增加可供思考的对象，或者得出一个问题的多种答案，等等。从实际的思维结果上看，数量上的"多"能够引出质量上的"好"，因为数量越多,可供挑选的余地也就越大,其中产生好创意的可能性也就越大。谁都不能保证,自己所想出的第一个点子,肯定是最好的点子。

比如,小小的拉链,最早的发明者仅仅用它来代替鞋带,后来有家服装店的老板把拉链用在钱包和衣服上,从此,拉链的用途逐渐扩大,几乎能把任何两个物体连接起来。

从思维对象方面来看,由于它具有无穷多种属性,因而使我们的思维广度可以无穷地扩展,而永远不会达到"尽头"。扩展一种事物的用途,常常会导致一项新创意的出现。

# 让思维在自由的原野上"横冲直撞"

———————

美国康奈尔大学的威克教授做过这样一个实验：他把几只蜜蜂放进一个平放的瓶中，瓶底向光；蜜蜂们向着光亮不断碰壁，最后停在光亮的一面，奄奄一息；然后在瓶子里换上几只苍蝇，不到几分钟，所有的苍蝇都飞出去了。原因是它们多方尝试——向上、向下、向光、背光，碰壁之后立即改变方向，虽然免不了多次碰壁，但最终总会飞向瓶颈，从瓶口飞出。

威克教授由此总结说：

"横冲直撞总比坐以待毙高明得多。"

思维阔无际涯，拥有极大自由，同时，它又最容易被什么东西束缚而困守一隅。

在哥白尼之前，"地心说"统治着天文学界；在爱因斯坦发现相对论之前，牛顿的万有引力似乎"完美无缺"。大家的思维因有了一个现成的结论，而变得循规蹈矩，不再去八面出击。后来，哥白尼和爱因斯坦"横冲直撞"，前者才发现了"地心说"的错误，后者发现了万有引力的局限。

在学习与工作中，我们要学一学苍蝇，让思维放一放野马，在自由的原野上"横冲直撞"一下，也许你会看到意想不到的奇妙景象。

1782 年的一个寒夜，蒙格飞兄弟烧废纸取暖，他俩看见热气将纸灰推向房顶，突然产生了"能否把人送上天"的联想，于是兄弟俩用麻布和纸做了个奇特的彩色大气球，八个大汉扯住口袋进行加温随后升天，一直飞到数千米高空，令法国国王不停地称奇！从而开创了人类上天的先河。

英军记者斯文顿在第一次世界大战中，目睹英法联军惨败于德军坚固的工事和密集的防御火力后，脑中一直盘旋着怎样才能对付坚固的工事和密集的火力这一问题。一天他突发灵感，想起在拖拉机周围装上钢板，配备机枪，发明了既可防弹，又能进攻的坦克，为英军立下奇功。

有时，并不是我们没有创造力，而是我们被已有的知识限制，思维变得凝滞和僵化。而那些思维活跃、善于思考的人往往能做到别人认为不可能做到的事情。

1976 年 12 月的一个寒冷早晨，三菱电机公司的工程师吉野先生 2 岁的女儿将报纸上的广告单卷成了一个纸卷，像吹喇叭似的吹起来。然后她说："爸爸，我觉得有点暖乎乎的。"孩子的感觉是喘气时的热能透过纸而被传导到手上。正苦于思索如何解决通风电扇节能问题的吉野先生突然受到了启发：将纸的两面通进空气，使其达到热交换。他以此为原型，用纸制作了模型，用吹风机在一侧面吹进冷风，在另一侧面吹进暖风，通过一张纸就能使冷风变成暖风，而暖风却变成了冷风。此热交换装置仅仅是将糊窗子用的窗户纸折叠成像折皱保护罩那样一种形状的东西，然后将它安装在通风电扇上。室内的空气通过折皱保护罩的内部而向外排出；室外的空气则通过折皱保护罩的外侧而进入保护罩内。通过中间夹着的一张纸，使内、外两方面的空气相互接触，使其产生热传导的作用。如果室内是被冷气设备冷却了的空气，从室外进来的空气就能加以冷却，如室内温度26℃，室外温度32℃，待室外空气降到27.5℃之后，再使其进入室内。如果室内是暖气，就将室外空气加热后再进入室内，如室外0℃，室内20℃，则室外寒风加热到15℃以后再进入室内。这样，就可节约冷、热气设备的能源。

三菱电机公司把这一装置称作"无损耗"的商品，并在市场出售。使用此装置，每当换气之际，其损失的能源可回收2/3。

有时，我们会被难以解决的问题困扰，这时，需要我们为思路打开一个出口，开辟一片自由的思想原野，让思维在这片原野上"横冲直撞"，这样，会让你得到更多。

第二章
DIERZHANG

逻辑思维——正确的思维才能

引出正确的结果

# 透过现象看本质

逻辑思维是人们在认识过程中借助于概念、判断、推理反映现实的一种思维方法。在逻辑思维中，要用到概念、判断、推理等思维形式和比较、分析、综合、抽象、概括等方法。它的主要表现形式为演绎推理、回溯推理与辏合显同法。运用逻辑思维，可以帮助我们透过现象看本质。

有这样一则故事，从中我们可以体会到运用逻辑思维的力量。

美国有一位工程师和一位逻辑学家是无话不谈的好友。一次，两人相约赴埃及参观著名的金字塔。到埃及后，有一天，逻辑学家住进宾馆，仍然照常写自己的旅行日记，而工程师则独自徜徉在街头，忽然耳边传来一位老妇人的叫卖声："卖猫啦，卖猫啦！"

工程师一看，在老妇人身旁放着一只黑色的玩具猫，标价500美元。这位老妇人解释说，这只玩具猫是祖传宝物，因孙子病重，不得已才出售，以换取治疗费。工程师用手一举猫，发现猫身很重，看起来似乎是用黑铁铸就的。不过，那一对猫眼则是珍珠镶的。

于是，工程师就对那位老妇人说："我给你300美元，只买下两只猫眼吧。"

老妇人一算，觉得行，就同意了。工程师高高兴兴地回到了宾馆，对逻辑学家说："我只花了300美元竟然买下两颗硕大的珍珠。"

逻辑学家一看这两颗大珍珠，少说也值上千美元，忙问朋友是怎么一回事。当工程师讲完缘由，逻辑学家忙问："那位老妇人是否还在原处？"

工程师回答说："她还坐在那里，想卖掉那只没有眼珠的黑铁猫。"

逻辑学家听后，忙跑到街上，给了老妇人200美元，把猫买了回来。

工程师见后，嘲笑道："你呀，花200美元买个没眼珠的黑铁猫。"

逻辑学家却不声不响地坐下来摆弄这只铁猫。突然，他灵机一动，用小刀刮铁猫的脚，当黑漆脱落后，露出的是黄灿灿的一道金色印迹。他高兴得大叫起来："正如我所想，这猫是纯金的。"

原来，当年铸造这只金猫的主人，怕金身暴露，便将猫身用黑漆漆过，俨然一只铁猫。对此，工程师十分后悔。此时，逻辑学家转过来嘲笑他说："你虽然知识很渊博，可就是缺乏一种思维的艺术，分析和判断事情不全面、不深入。你应该好好想一想，猫的眼珠既然是珍珠做成，那猫的全身会是不值钱的黑铁所铸吗？"

猫的眼珠是珍珠做成的，那么猫身就很有可能是更贵重的材料制成的。这就是逻辑思维的运用。故事中的逻辑学家巧妙地抓住了猫眼与猫身之间存在的内在逻辑性，得到了比工程师更高的收益。

我们知道，事物之间都是有联系的，而寻求这种内在的联系，以达到透过现象看本质的目的，则需要缜密的逻辑思维来帮助。

有时，事物的真相像隐匿于汪洋之下的冰山，我们看到的只是冰山的一角。善于运用逻辑思维的人能做到察于"青苹之末"，抓住线索"顺藤摸瓜"探寻到海平面下面的冰山全貌。

# 由已知推及未知的演绎推理法

————

伽利略的"比萨斜塔试验"使人们认识了自由落体定律，从此推翻了亚里士多德关于物体自由落体运动的速度与其质量成正比的论断。实际上，促成这个试验的是伽利略的逻辑思维能力。在实验之前，他作了一番仔细的思考。

他认为：假设物体 A 比 B 重得多，如果亚里士多德的论断是正确的，A 就应该比 B 先落地。现在把 A 与 B 捆在一起成为物体A+B。一方面，因 A+B 比 A 重，它应比 A 先落地；另一方面，由于A 比 B 落得快，B 会拖 A 的"后腿"，因而大大减慢 A 的下落速度，所以 A+B 又应比 A 后落地。这样便得到了互相矛盾的结论：A+B 既应比 A 先落地，又应比 A 后落地。

两千年来的错误论断竟为如此简单的推理所揭露，伽利略运用的思维方式便是演绎推理法。

所谓的演绎推理法就是从若干已知命题出发，按照命题之间的必然逻辑联系，推导出新命题的思维方法。演绎推理法既可作为探求新知识的工具，使人们能从已有的认识推出新的认识，又可作为论证的手段，使人们能借以证明某个命题或反驳某个命题。

演绎推理法是一种解决问题的实用方法，我们可以通过演绎推理找出问题的根源，并提出可行的解决方案。

下面就是一个运用演绎推理的典型例子：

有一个工厂的存煤发生自燃，引起火灾。厂方请专家帮助设计防火方案。

专家首先要解决的问题是：一堆煤自动地燃烧起来是怎么回事？通过查找资料，可以知道，煤是由地质时期的植物埋在地下，受细菌作用而形成泥炭，再在水分减少、压力增大和温度升高的情况下逐渐形成的。也就是说，煤是由有机物组成的。而且，燃烧要有温度和氧气，是煤慢慢氧化积累热量，温度升高，温度达到一定限度时就会自燃。那么，预防的方法就可以从产生自燃的因果关系出发来考虑了。最后，专家给出了具体的解决措施，有效地解决了存煤自燃的问题：

（1）煤炭应分开储存，每堆不宜过大。

（2）严格区分煤种存放，根据不同产地、煤种，分别采取措施。

（3）清除煤堆中诸如草包、草席、油棉纱等杂物。

（4）压实煤堆，在煤堆中部设置通风洞，防止温度升高。

（5）加强对煤堆温度的检查。

（6）堆放时间不宜过长。

对这个问题我们可从两个方面进行思考：一是从原因到结果；

二是从结果到原因。无论哪种思路，运用的都是演绎推理法。

通过演绎推理推出的结论，是一种必然无误的断定，因为它的结论所断定的事物情况，并没有超出前提所提供的知识范围。

下面是一则趣味数学故事，通过它我们可以看到演绎推理的这一特点。

维纳是 20 世纪最伟大的数学家之一，他是信息论的先驱，也是控制论的奠基者。3 岁就能读写，7 岁就能阅读和理解但丁和达尔文的著作，14 岁大学毕业，18 岁获得哈佛大学的科学博士学位。

在授予学位的仪式上，只见他一脸稚气，人们不知道他的年龄，于是有人好奇地问道："请问先生，今年贵庚？"

维纳十分有趣地回答道："我今年的岁数的立方是个 4 位数，它的 4 次方是 6 位数，如果把两组数字合起来，正好包含 0123456789 共 10 个数字，而且不重不漏。"

言之既出，四座皆惊，大家都被这个趣味的回答吸引住了。"他的年龄到底有多大？"一时，这个问题成了会场上人们议论的中心。

这是一个有趣的问题，虽然得出结论并不困难，但是既需要一些数学"灵感"，又需要掌握演绎推理的方法。为此，我们可以假定维纳的年龄是从 17 岁到 22 岁，再运用演绎推理方法，看是否符合前提？

请看：17 的 4 次方是 83521，是个五位数，而不是六位数，所以小于 17 的数作底数肯定不符合前提条件。

这样一来，维纳的年龄只能从 18、19、20 和 21 这 4 个数中去寻找。

现将这 4 个数的 4 次方的乘积列出于后：104976，130321，160000和 194481。在以上的乘积中，虽然都符合六位数的条件，但在 19、20、21 的 4 次方的乘积中，都出现了数码的重复现象，所以也不符合前提条件。剩下的唯一数字是 18，让我们验证一下，看它是否符合维纳提出的条件。

18 的三次方是 5832（符合 4 位数），18 的 4 次方是 104976（六位数）。在以上的两组数码中不仅没有重复现象，而且恰好包括了从 0 到 9 的 10 个数字。因此，维纳获得博士学位的时候是 18 岁。

从以上的介绍来看，无论是关于煤发生自燃的原因的推理，还是科学发现和发明的诞生，都说明演绎推理是一种行之有效的思维方法。因此，我们应该学习、掌握它，并正确地运用它。

# 由"果"推"因"的回溯推理法

回溯推理法，顾名思义，就是从事物的"果"推到事物的"因"的一种方法。这种方法最主要的特征就是因果性，在通常情况下，由事物变化的原因可知其结果；在相反的情况下，知道了事物变化的结果，又可以推断导致结果的原因。因此事物的因果是相互依存的。

在英国发生过这样一个案例：

英国布雷德福刑事调查科接到一位医生打来的电话说，在11点半左右，有一名叫伊丽莎白·巴劳的妇女在澡盆里因虚脱而死去了。

当警察来到现场时，洗澡水已经被放掉了，伊丽莎白·巴劳在空澡盆里向内侧躺着，身上各处都没有受过暴力袭击的迹象。警察发现，死者瞳孔扩散得很大。据她丈夫说，当他妻子在浴室洗澡时，他睡过去了，当他醒来来到浴室，便发现他的妻子已倒在浴盆里不省人事。此外，警察还在厨房的角落里找到了两支皮下注射器，其中一支还留有药液。据他所称这是他为自己注射药物所用。

在警察发现的细微环节和死者丈夫的口述中，警察通过回溯推理法很快找到了疑点和线索。

死者的瞳孔异常扩大；既然死者瞳孔扩大，很可能是因为被注射了某种麻醉品；又因为死者是因低血糖虚脱而死亡，则很可能是被注射过量胰岛素。经过法医的检验，在尸体中确实发现细小的针眼及被注射的残留胰岛素，因此可以断定死者死前被注射过量胰岛素。又通过对死者丈夫的检验得知，他并没有发生感染及病变，即没有注射药剂的必要，因此，死者的死亡很可能是被其丈夫注射过量胰岛素所致。因此警察便将死因和她丈夫联系在一起，通过勘验取得其他证据，并最终破案。

回溯推理法在地质考察与考古发掘方面占有重要的地位。例如，根据对陨石的测定，用回溯推理的方法推知银河系的年龄为140亿～170多亿年；又根据对地球上最古老岩石的测定，推知地球大概有46亿年的历史了。

在科学领域，这一方法也常被用作事物的发明和发现。

自20世纪80年代中期以来，科学家们发现臭氧层在地球范围内有所减少，并在南极洲上空出现了大量的臭氧层空洞。此时，人们才开始领悟到人类的生存正遭受到来自太阳强紫外线辐射的威胁。大气平流层中臭氧的减少，这是科学观察的结果。那么引起这种结果的原因是什么呢？于是科学家们运用了回溯推理的思维方法，开展了由"果"索"因"的推理工作。其实，1974年化学家罗兰就认为氟氯烃将不会在大气层底层很快分解，而在平流层中氟氯烃分解臭氧分子的速度远远快于臭氧的生成过程，造成了臭氧的损耗。这就是说，氟氯烃是使大气中臭氧减少的罪魁祸首，是出现臭氧空洞的直接原因。

由"果"推"因"的回溯推理法在侦查案件上经常被用到。因为勘查现场的情况就是"果"，由此推测出作案的动机和细节，为顺利地侦破案件创造条件。

回溯推理思维方法既然是一种科学的思维方法，那么就可以通过学习来进行培养，当然就可以通过某些方式来进行自我的训练。例如，多读一些侦探小说、武侠小说，就有利于回溯推理思维能力的提高。英国著名作家阿·柯南道尔著的《福尔摩斯探案全集》，就是一部十分精彩的侦探小说，可以说是一部回溯推理的好教材，不妨认真读一读。该书的结构严谨，情节跌宕起伏，人物形象鲜明，逻辑性强，故事合情合理。阅读以后，人们不禁要问：福尔摩斯如何能够出奇制胜呢？原因就在于他掌握了回溯推理这个行之有效的思维方法。其他的影视作品还包括《名侦探柯南》《金田一》等，在休闲之余，这些作品能帮助我们进行回溯推理思维能力的训练。

# "不完全归纳"的辏合显同法

"辏"，原是指车轮辐集于毂上，后引申为聚集。"辏合显同"就是把所感知到的有限数量的对象依据一定的标准"聚合"起来，寻找它们共同的规律，以推导出最终的结论。这是逻辑思维的一种运用。从最基本的意义上来讲，虽然"辏合显同"基于对事物特性的"不完全归纳"，带有想象的成分，但它本身也是一种富有创造性的思维活动，因为它把诸多对象聚合起来，所"显示"出来的是一种抽象化的特征，在很多情况下，往往是一种新的特征。

"辏合显同"在科学研究中也是相当有用的。

1742 年，德国数学家哥德巴赫写信给当时著名的数学家欧拉，提出了两个猜想。其一，任何一个大于 2 的偶数，均是两个素数之和；其二，任何一个大于 5 的奇数，均是三个素数之和。这便是著名的哥德巴赫猜想。

从猜想形成的思维过程来看，主要是"辏合显同"的逻辑作用。我们以第一个猜想为例，"辏合显同"的步骤可表述为下面的过程：

**深度思维** ━━━━━━
思维深度决定你最终能走多远

4=1+3（两素数之和）

6=3+3（两素数之和）

8=3+5（两素数之和）

10=5+5（两素数之和）

12=5+7（两素数之和）

这样，通过对很多偶数分解，"两素数之和"这个共性就显示出来了。

学习辏合显同法，我们可以通过下面几个方法来训练。

### 1. 浏览法

这种技巧要求我们在辏合时，应将对象一个接着一个地分析。分析进行到一定时候，就会产生有关辏合对象共同特征的假设。接下去的"浏览"（分析）则是为了证实。证实之后，"显同"就实现了。例如，我们面前有一大堆卡片，每一张卡片都有三种属性：

①颜色（黄、绿、红）。

②形状（圆、角、方块）。

③边数（一条边、三条边、四条边）。

我们可先一张一张看过去，然后形成一个大致的思想：这些卡片的共同点在于都只有三条边，继而再往下分析，看一看这一设想是不是正确。不正确，推倒重来；正确，就确定了"共性"。

### 2. 定义法

这种方法通常是用来概括认识对象的。给对象下定义，就包括对象的形态、对象的运动过程、对象的功能，通过这样一番概括，我们就能找到事物的共性，也就锻炼了自己的辐辏思维能力。例如，我们经常在公共场所看到雕像，它是一种艺术，称为雕塑艺术。事实上我们看到的是各种不同的雕像，那么，如何能认识到它的本质呢？这就涉及我们对雕塑艺术的"定义"了。一般来说，"雕塑"可定义为：雕塑是一种造型艺术，它通过塑造形象、有立体感的空间形式以及这个种类的艺术作品本身来反映现实，具有优美动人、紧凑有力、比例匀称、轮廓清晰的特点。因此，对事物的定义过程，本身就是一种"辏合显同"过程，我们应该时常主动地、自觉地对一些事物进行定义尝试，通过这种技巧来提高自己的思维能力。

### 3. 剩余法

这是一种间接的"辏合"方法。它的基本原理是：如果某一复合现象是由另一复合原因所引起的，那么，把其中确认有因果联系的部分减去，则剩下的部分也必然有因果联系。

天文学史上就曾用这种方法发现了新行星。1846 年前，一些天文学家在观察天王星的运行轨道时，发现它的运行轨道和按照已知行星的引力计算出来的它应运行的轨道不同——发生了几个方面的偏离。经过观察分析，知道其他几方面的偏离是由已知的其他几颗行星的引力所引起的，而另一方面的偏离则原因不明。这时天文学家就考虑到：既然天王星运行轨道的各种偏离是由相关行星的引力所引起的，现在又知其中的几方面偏离是由另几颗行星的引力所引起的，那么，剩下的一处偏离必然是由另一颗未知的行星的引力所引起的。后来有些天文学家和数学家据此推算出了这颗未知行星的位置。1846 年按照这个推算的位置进行观察，果然发现了一颗新的行星——海王星。

# 逻辑思维与共同知识的建立

爱因斯坦讲过他童年的一段往事：

爱因斯坦小时候不爱学习，成天跟着一帮朋友四处游玩，不论他妈妈怎么规劝，爱因斯坦只当耳边风，根本听不进去。这种情况发生转变是在爱因斯坦16岁那年。

一个秋天的上午，爱因斯坦提着渔竿正要到河边钓鱼，爸爸把他拦住，接着给他讲了一个故事，这个故事改变了爱因斯坦的人生。

父亲对爱因斯坦说："昨天，我和隔壁的杰克大叔去给一个工厂清扫烟囱，那烟囱又高又大，要上去必须踩着里边的钢筋爬梯。杰克大叔在前面，我在后面，我们抓着扶手一阶一阶爬了上去。下来的时候也是这样，杰克大叔先下，我跟在后面。钻出烟囱后，我们发现一个奇怪的情况：杰克大叔全身上下都蹭满了黑灰，而我身上竟然干干净净。"

父亲微笑着对儿子说："当时，我看着杰克大叔的样子，心想自己肯定和他一样脏，于是跑到旁边的河里使劲洗。可是杰克大叔呢，正好相反，他看见我身上干干净净的，还以为自己一样呢，于是随便洗了洗手，就上街去了。这下可好，街上的人以为他是一个疯子，望着他哈哈大笑。"

爱因斯坦听完忍不住大笑起来，父亲笑完了，郑重地说："别人无法做你的镜子，只有自己才能照出自己的真实面目。如果拿别人做镜子，白痴或许会以为自己是天才呢。"

父亲和杰克大叔都是通过对方来判断自己的状态，这是逻辑思维的简单运用，却由于逻辑推理的基础不成立（"两个人的状态一样"不成立），而闹出了笑话。

"别拿别人做镜子"，这是爱因斯坦从父亲的话中得到的教诲。但是，在逻辑思维的世界里，我们难道真的不能把别人当自己的镜子吗？

在回答这个问题之前，我们先来看下面这个游戏：

假定在一个房间里有三个人，三个人的脸都很脏，但是他们只能看到别人而无法看到自己。这时，有一个美女走进来，委婉地告诉他们说："你们三个人中至少有一个人的脸是脏的。"这句话说完以后，三个人各自看了一眼，没有反应。

美女又问了一句："你们知道吗？"当他们再彼此打量第二眼的时候，突然意识到自己的脸是脏的，因而三张脸一下子都红了。为什么？

下面是这个游戏中各参与者逻辑思维的活动情况：当只有一张脸是脏的时候，一旦美女宣布至少有一张脏脸，那么脸脏的那个参与者看到两张干净的脸，他马上就会脸红。而且所有的参与者都知道，如果仅有一张脏脸，脸脏的那个人一定会脸红。

在美女第一次宣布时，三个人中没人脸红，那么每个人就知道至少有两张脏脸。如果只有两张脏脸，两个脏脸的人各自看到一张干净的脸，这两个脏脸的人就会脸红。而此时如果没有人脸红，那么所有人都知道三张脸都是脏的，因此在打量第二眼的时候所有人都会脸红。

这就是由逻辑思维衍生出的共同知识的作用。共同知识的概念最初是由逻辑学家李维斯提出的。对一个事件来说，如果所有当事人对该事件都有了解，并且所有当事人都知道其他当事人也知道这一事件，那么该事件就是共同知识。在上面这个游戏中，"三张脸都是脏的"这一事件就是共同知识。

假定一个人群由A、B两个人构成，A、B均知道一件事实f，f是A、B各自的知识，而不是他们的共同知识。当A、B双方均知道对方知道f，并且他们各自都知道对方知道自己知道f，那么，f就成了共同知识。

这其中运用了逻辑思维的分析方法，是获得决策信息的方式。但是它与一条线性的推理链不同，这是一个循环，即"假如我认为对方认为我认为……"也就是说，当"知道"变成一个可以循环绕动的车轱辘时，我们就说f成了A、B间的共同知识。因此，共同知识涉及一个群体对某个事实"知道"的结构。在上面的游戏中，美女的话所引起的唯一改变，是使一个所有参与者事先都知道的事实成为共同知识。

　　在生活中，没有一个人可以在行动之前得知对手的整个计划。在这种情况下，互动推理不是通过观察对手的策略进行的，而是必须通过看穿对手的策略才能展开。

　　要想做到这一点，单单假设自己处于对手的位置会怎么做还不够。即便你那样做了，你会发现，你的对手也在做同样的事情，即他也在假设自己处于你的位置会怎么做。每一个人不得不同时担任两个角色，一个是自己，另一个是对手，从而找出双方的最佳行动方式。

# 运用逻辑思维对信息进行提取和甄别

信息的提取和甄别，是当今社会的一个关键的问题。如果在商海中搏击，更要学会信息的收集与甄别，掌握各方面的知识。当面临抉择的最后时刻，与其如赌徒般仅靠瞬息间的意念作出轻率的判断，倒不如及早掌握信息，以资料为依据，发挥正确的推理判断能力。

亚默尔肉类加工公司的老板菲利普·亚默尔每天都有看报纸的习惯，虽然生意繁忙，但他每天早上到了办公室，就会看秘书给他送来的当天的各种报纸。

初春的一个上午，他和往常一样坐在办公室里看报纸，一条不显眼的不过百字的消息引起了他的注意：墨西哥疑有瘟疫。

亚默尔的头脑中立刻展开了独特的推理：如果瘟疫出现在墨西哥，就会很快传到加州、得州，而美国肉类的主要供应基地是加州和得州，一旦这里发生瘟疫，全国的肉类供应就会立即紧张起来，肉价肯定也会飞涨。

他马上让人去墨西哥进行实地调查。几天后，调查人员回电报，证实了这一消息的准确性。

亚默尔放下电报，马上着手筹措资金大量收购加州和得州的生猪和肉牛，运到离加州和得州较远的东部饲养。两三个星期后，西部的几个州就出现了瘟疫。联邦政府立即下令严禁从这几个州外运食品。北美市场一下子肉类奇缺、价格暴涨。

亚默尔认为时机已经成熟，马上将囤积在东部的生猪和肉牛高价出售。仅仅3个月，他就获得了900万美元的利润。

亚墨尔重视信息，而且，善于运用逻辑思维对接收到的信息进行提取和甄别，当他收到一则信息后，总会在头脑中进行一番推理，来判断该信息的真伪或根据该信息导出更多的未知信息，从而先人一步，争取主动。

伯纳德·巴鲁克是美国著名的实业家、政治家，在30岁出头的时候就成了百万富翁。1916年，威尔逊总统任命他为"国防委员会"顾问，以及"原材料、矿物和金属管理委员会"主席，以后又担任"军火工业委员会主席"。1946年，巴鲁克担任了美国驻联合国原子能委员会的代表，并提出过一个著名的"巴鲁克计划"，即建立一个国际权威机构，以控制原子能的使用和检查所有的原子能设施。无论生前死后，巴鲁克都受到普遍的尊重。

在刚刚创业的时候，巴鲁克也是非常艰难的。但就是他所具有的那种对信息的敏感，加之合理的推理，使他一夜之间发了大财。

1898年7月的一天晚上，28岁的巴鲁克正和父母待在家里。忽然，广播里传来消息，美国海军在圣地亚哥消灭了西班牙舰队。

这一消息对常人来说只不过是一则普通的新闻，但巴鲁克却通过逻辑分析从中看到了商机。

美国海军消灭了西班牙舰队，这意味着美西战争即将结束，社会形势趋于稳定，那么，在商业领域的反映就是物价上涨。

这天正好是星期天，用不了多久便是星期一了。按照通常的惯例，美国的证券交易所在星期一都是关门的，但伦敦的交易所则照常营业。如果巴鲁克能赶在黎明前到达自己的办公室，那么就能发一笔大财。

那个时代，小汽车还没有问世，火车在夜间又停止运行，在常人看来，这已经是无计可施了，而巴鲁克却想出了一个绝妙的主意：他赶到火车站，租了一列专车。上天不负有心人，巴鲁克终于在黎明前赶到了自己的办公室，在其他投资者尚未"醒"来之前，他就做成了几笔大交易。他成功了！

信息是这个时代的决定性力量，面对纷繁复杂的信息，加以有效提取和甄别，经过逻辑思维的加工，挖掘出信息背后的信息，这样，才能及时地抓住机遇，抓住财富。

# 第三章

## 换位思维——有效获取对方观点的逻辑和方法

# 换位思维的艺术

————————

从前有一个老国王，他平时头脑很古怪，一天，老国王想把自己的王位传给两个儿子中的一个。他决定举行比赛，要求是这样的：谁的马跑得慢，谁就将继承王位。两个儿子都担心对方弄虚作假，使自己的马比实际跑得慢，就去请教宫廷的弄臣（中世纪宫廷内或贵族家中供人娱乐的人）。这位弄臣只用了两个字，就说出了确保比赛公正的方法。这两个字就是：对换。

所谓换位思维，就是设身处地地将自己摆放在对方位置，用对方的视角看待世界。

在与他人的交往中，我们需要学会换位思维，设身处地地为他人考虑，也就是我们常说的将心比心。换位思维可以使他人感受到你的爱心与关怀，同时，也许会给你自己带来意想不到的好处。

在英国的一个小镇上，有一位富有但孤单的老人准备出售他漂亮的房子，搬到疗养院去。

消息一传开，立刻有许多人登门造访，提出的房价高达 30 万美元。

这些人中有一个叫罗伊的小伙子，他刚刚大学毕业，没有多少收入。但他特别喜欢这所房子。

他悄悄打听了一下别人准备给出的价格，手里拿着仅有的3000美元，想着该如何让老人将房子卖给他而不是别人。

这时，罗伊想起一个老师说的话——找出卖方真正想要的东西给他。

他寻思许久，终于找到问题的关键点：老人最牵挂的事就是将不能在花园中散步了。

罗伊就跟老人商量说："如果你把房子卖给我，您仍能住在您的房子里而不必搬到疗养院去，每天您都可以在花园里散步，而我则会像照顾自己的爷爷一样照顾您。一切都像平常一样。"

听了这话，老人那张皱纹纵横的老脸，绽开了灿烂的笑容，笑容中，充满爱和惊喜，当即，老人与罗伊签下了合约，罗伊首付3000美元，之后每月付500美元。

老人很开心，他把整个屋子的古董家具都作为礼物送给了罗伊，并高兴地向大家宣布这所房子已经有了新的主人。

罗伊不可思议地赢得经济上的胜利，老人则赢得了快乐和与罗伊之间的亲密关系。

由上我们可以知道，换位思维除了感人之所感，还要知人之所感，即对他人的处境感同身受，客观理解。

换位思维是在情感的自我感觉基础上发展起来的。首先要面对自己的情感。我们自己越是坦诚，研读他人的情绪感受也就越发准确。

　　每个人天生都会有一定程度的体察他人情感的敏感性。人如果没有这种敏感性，就会产生情感失聪。这种失聪会使人们在社交场合不能与人和谐相处，或是误解别人的情绪，或是说话不考虑时间场合，或是对别人的感受无动于衷。所有这些，都将破坏人际关系。

　　换位思维不仅对保持人与人之间的和睦关系非常重要，而且对任何与人打交道的工作来说，都是至关重要的。无论是搞销售，还是从事心理咨询，或给人治病以及在各行各业中从事领导工作，体察别人内心的换位思维都是取得优秀业绩的关键因素。

# 换位可以使说服更有效

换位可以使说服更有效。换位思维可以洞察对方的心理需求，便于及时地调整自己，挖掘自己与对方的相同点，使谈话的氛围更轻松，在不知不觉中使对方认同自己的观点。

让我们先来看一看发生在古代的一个成功说服他人的真实故事。

赵太后刚刚执政，秦国就急忙进攻赵国。赵太后向齐国求救。齐国说："一定要用长安君来做人质，援兵才能派出。"赵太后不肯答应，大臣们极力劝谏。赵太后公开对左右近臣说："有谁敢再说让长安君去做人质，我一定唾他！"

左师公触龙愿意去见太后。太后气冲冲地等着他。触龙做出快步走的姿势，慢慢地挪动着脚步，到了太后面前谢罪说："老臣脚有毛病，竟不能快跑，很久没来看您了。我私下原谅自己呢，又总担心太后的贵体有什么不舒适，所以想来看望您。"太后说："我全靠坐辇车走动。"触龙问："您每天的饮食该不会减少吧？"太后说："吃点稀粥罢了。"触龙说："我近来很不想吃东西，自己却勉强走走，每天走上三四里，就慢慢地稍微增加点食欲，身上也比较舒适了。"太后说："我做不到。"太后的怒色稍微消解了些。

左师公说："我的儿子舒祺，年龄最小，不成才；而我又老了，私下疼爱他，希望能让他递补上黑衣卫士的空额，来保卫王宫。我冒着死罪禀告太后。"太后说："可以。年龄多大了？"触龙说："十五岁了。虽然还小，希望趁我还没入土就托付给您。"太后说："你们男人也疼爱小儿子吗？"触龙说："比妇人还厉害。"太后笑着说："妇人更厉害。"触龙回答说："我私下认为，您疼爱燕后就超过了疼爱长安君。"太后说："您错了！不像疼爱长安君那样厉害。"左师公说："父母疼爱子女，就得为他们考虑长远些。您送燕后出嫁的时候，握着她的脚后跟哭泣，这是惦念并伤心她嫁到远方，也够可怜的了。她出嫁以后，您也并不是不想念她，可您祭祀时，一定为她祷告说：'千万不要被赶回来啊。'难道这不是为她作长远打算，希望她生育子孙，一代一代地做国君吗？"太后说："是这样。"

左师公说："从这一辈往上推到三代以前，一直到赵国建立的时候，赵王被封侯的子孙的后继人有还在的吗？"赵太后说："没有。"触龙说："不光是赵国，其他诸侯国君的被封侯的子孙，他们的后人还有在的吗？"赵太后说："我没听说过。"左师公说："他们当中祸患来得早的就降临到自己头上，祸患来得晚的就降临到子孙头上。难道国君的子孙就一定不好吗？这是因为他们地位高而没有功勋，俸禄丰厚而没有功绩，占有的珍宝却太多了啊！现在您把长安君的地位提得很高，又封给他肥沃的土地，给他很多珍宝，而不趁现在这个时机让他为国立功，一旦您百年之后，长安君凭什么在赵国站住脚呢？我觉得您为长安君打算得太短了，因此我认为您疼爱他不如疼爱燕后。"太后说："好吧，任凭您指派他吧。"

于是太后就替长安君准备了一百辆车子，送他到齐国去做人质。齐国的救兵才出动。

这的确是令人叹为观止的"移情—换位"的典范。触龙通过换位思维，成功地将赵太后说服，可谓深知换位之魅力。

在现实生活中，我们经常需要说服他人。说服就是使他人认同自己的观点和想法，以成功达到自己的目的。

在销售过程中，利用换位思维与顾客建立和谐关系是很重要的，换位思维重要目的是让顾客喜欢你、信赖你，并且相信你的所作所为是为了他们的最佳利益着想，使说服工作更容易进行。

下面就是一则在工作中善用换位思维的推销员的故事。

有一次，程亮到一位客户家里推销，接待他的是这家的家庭主妇。程亮第一句话："哟，您就是女主人啊！您真年轻，实在看不出已经有孩子了。"

女主人说："咳，你没看见，快把我累垮了，带孩子真累人。"

程亮说："那是，在家我妻子也老抱怨我，说我一天到晚在外面跑，一点也不尽当爸爸的责任，把孩子全留给她了。"

女主人深表同情地说："就是嘛，你们男人就知道在外面混。"

程亮接着说："孩子几岁了？真漂亮！快上幼儿园了吧？"

"是呀，今年下半年上幼儿园。"

"挺伶俐的，怪可爱的，孩子慢慢长大，他们的教育与成长就成为我们做大人的最关心的事情了，谁不望子成龙，望女成凤，我每隔一段时间就会买些这样的磁带放给他们听。"

说着，程亮就取出了他所推销的商品——幼儿音乐磁带，没想到女主人想都没多想，就问："一共多少钱？"毫不犹豫地就买了一套。

程亮轻松地说服了客户，妙处就在于他一直站在客户的立场看待问题，很自然地引出客户所需，并适时奉上自己的商品。这时，客户并不感觉自己被推销员说服了，而是自己需要购买，交易就这样顺利达成了。

一般来说，善于说服他人的人，都是善于揣摩他人心理的人。要说服他人，就得让对方觉得自己被接受、被了解，让人觉得你将心比心，善解人意。人的内心情感可以在他的举止、言谈中流露出来，但正如浮在水面之上的冰山只占总体积的10%一样，人的情绪的90%是我们的肉眼看不到的。这就要求我们去深入了解对方的内心世界，加以观察体会，细心揣摩，并采取适当的行动来满足对方的需要，建立信任感，从而使说服更有成果更有效率。只有在满足别人需要的前提下，才能达到自己的目的，获得双赢。

可见，说服他人的第一关就是要进行换位思维，在了解自己的需要基础上，站在对方的立场，揣摩对方的心理，体会对方的需求。只有这样，你才知道自己能够放弃什么和不能放弃什么，所谓知己知彼，方能百战百胜。否则，被说服的对象很可能就是你自己。

进行换位思考的时候，切忌情绪化，发怒、过于激动、过于高兴、伤感的情绪都会使你不能有效地思考，从而削弱你的判断能力，使换位思维无法真正到位。

说服是鼓动而不是操纵，最好的说服是使对方认为这就是他们的想法。关键的一点就是通过换位思维，发现对方的心理需求后，及时地调整自己，挖掘自己与对方的相同点，因为人们一般都倾向于喜欢和认同与自己类似的人，这样，说服工作就可能更深入了一步。

春秋时期纵横家鬼谷子就很好地为我们总结了说服他人的道理：跟智慧的人说话，要靠渊博；跟高贵的人说话，要靠气势；跟笨拙的人说话，要靠详辩；跟善辩的人说话，要靠扼要；跟富有的人说话，要靠高雅；跟贫贱的人说话，要靠谦敬；跟勇敢的人说话，要靠勇敢；跟有过失的人说话，要靠鼓励。

而这一切的前提和关键都是必须进行换位思维，只有在揣摩清楚对方的心理后才能达到说服的目的。

# 固执己见是造成人生劣势的主要原因

在一个池塘边生活着两只青蛙，一绿一黄。绿青蛙经常到稻田里觅食害虫，黄青蛙却经常悠闲地躲在路边的草丛中闭目养神。

有一天黄青蛙正在草丛中睡大觉，突然听到有人叫："老弟，老弟。"它懒洋洋地睁开眼睛，发现是田里的绿青蛙。

"你在这里太危险了，搬来跟我住吧！"田里的绿青蛙关切地说，"到田里来，每天都可以吃到昆虫，不但可以填饱肚子，而且还能为庄稼除害，况且也不会有什么危险。"

路边的青蛙不耐烦地说："我已经习惯了，干吗要费神地搬到田里去？我懒得动！况且，路边一样有昆虫吃。"

田里的青蛙无可奈何地走了。几天后，它又去探望路边的伙伴，却发现路边的黄青蛙已被车子轧死了，暴尸在马路上。

很多灾难与不测都是因为我们固执己见而不注意听从别人的意见造成的，举手之劳的事情却不愿为之，就注定要为此付出沉重的代价。

固执就是思维的僵化、教条。换位思维要求我们学会从各个不同的角度全面研究问题，抛开无谓的固执，冷静地用开放的心胸作正确的抉择。

　　那只固执的青蛙企图仅凭一成不变的哲学，固执己见地想强渡人生所有的关卡，显然是行不通的。它忘了在人生的每一次关键时刻，应随时检查自己选择的方向是否产生偏差；忘了应该适时地进行调整，更谈不上审慎地运用智慧，作出适当的抉择。可以说，生活中很多人都像那只路边的青蛙一样，不喜欢改变，喜欢固执己见，死守一成不变的思维模式，并在这种模式中不断地自我消耗、自我衰退。

　　当然，不要固执己见，并不意味着我们必须全盘放弃自己的执着，但并不排除在意念上作合理的修正，以做到无所偏执。

　　真正的改变也不只是从 A 点到 B 点，或从 B 点再到 C 点，事实上，每一个改变若不是发自内心对自我的了解，很多时候，那些改变也是徒劳无功的。所以真正尝试改变，需要的是我们对自己的了解、对内心世界那份价值的追求与渴望，有明确的认知之后再作新的调整与修正，才是真改变。而且，这一路走来，每一份工作、每一次历练、每一回合的挑战都是弥足珍贵的。

　　每一个人现在所处的境况，正是以往自己所保持的态度造成的。如果想改变未来的生活，使之更加顺畅，必须得先改变此时的态度。坚持错误的观念，固执不愿改变，恐怕再多的努力，也只能是枉然。应该说，安于现状，固守己见，是造成人生劣势的主要原因之一，而勇于突破自我的思考习惯，不再让自己停留在熟悉而危险的现况中,让自我更健全,更有应对力,才能真正拯救自己,完成人生的大业。

莫要囿于己见,多听听周围不同的声音,设法接受完全和自己想法抵触的见解,看看事物在不一样的角度之下所呈现出来的不同感觉,突破自己一成不变的想法,用新的眼光来看待这个世界和这个世界里的人,以及发生的事情,给自己一个好的改变,这才是真正的换位思维,才是获取快乐的创新视角。

# 己所不欲，勿施于人

　　"己所不欲，勿施于人"是换位思维的一个核心理念，当我们能切身地领悟到这种境界时，有许多不理解的事都会豁然开朗。

　　当你做错了一件事，或是遇到挫折时，你是期望你的朋友说一些安慰、鼓励的话，还是希望他们泼冷水呢？也许你会说："这不是废话吗，谁会希望别人泼冷水呢？"可是，当你对别人泼冷水时，可曾注意到别人也有同样的想法？事实上，很多人都没有注意到这一点。

　　美国《读者文摘》上发表过一篇名为《第六枚戒指》的故事，很形象地说明换位思考给我们心灵带来的震动。

　　美国经济大萧条时期，有一位姑娘好不容易找到了一份在高级珠宝店当售货员的工作。在圣诞节的前一天，店里来了一个30岁左右的男性顾客，他衣着破旧，满脸哀愁，用一种不可企及的目光，盯着那些高级首饰。

　　这时，姑娘去接电话，一不小心把一个碟子碰翻，6枚精美绝伦的戒指落到地上。她慌忙去捡，却只捡到了 5 枚，第 6 枚戒指怎么也找不着了。这时，她看到那个 30 岁左右的男子正向门口走去，顿时意识到戒指被他拿去了。当男子的手将要触及门把手时，她柔声叫道："对不起，先生！"那男子转过身来，两人相视无言，足有几十秒。"什么事？"男人问，脸上的肌肉在抽搐，他再次问："什么事？""先生，这是我头一回工作，现在找份工作很难，想必你也深有体会，是不是？"姑娘神色黯然地说。

男子久久地审视着她，终于一丝微笑浮现在他的脸上。他说："是的，确实如此。但是我能肯定，你在这里会干得不错。我可以为你祝福吗？"他向前一步，把手伸给姑娘。"谢谢你的祝福。"姑娘也伸出手，两只手紧紧地握在一起，姑娘用十分柔和的声音说："我也祝你好运！"

男子转过身，走向门口，姑娘目送他的背影消失在门外，转身走到柜台，把手中的第 6 枚戒指放回原处。

己所不欲，勿施于人的道理更说明这样一个事实，那就是善待别人，也就是善待自己。可以说，任何一种真诚而博大的爱都会在现实中得到应有的回报。在我们运用换位思维的时候，当我们真诚地考虑到对方的感受和需求而多一分理解和委婉时，意想不到的回报便会悄然而至。

多年以前，在荷兰一个小渔村里，一个勇敢的少年以自己的实际行动使全村人懂得了为他人着想也就是为自己着想的道理。

由于全村的人都以打鱼为生，为了应对突发海难，人们自发组建了一支紧急救援队。

一个漆黑的夜晚，海面上乌云翻滚，狂风怒吼，巨浪掀翻了一艘渔船，船员的生命危在旦夕。他们发出了 SOS 的求救信号。村里的紧急救援队收到求救信号后，火速召集志愿队员，乘着划艇，冲入了汹涌的海浪中。

全村人都聚集在海边，翘首眺望着云谲波诡的海面，人们都举着一盏提灯，为救援队照亮返回的路。

一个小时之后，救援队的划艇终于冲破浓雾，乘风破浪，向岸边驶来。村民们喜出望外，欢呼着跑上前去迎接。

但救援队的队长却告知：由于救援艇容量有限，无法搭载所有遇险人员，无奈只得留下其中的一个人，否则救援艇就会翻覆，那样所有的人都活不了。

刚才还欢欣鼓舞的人们顿时安静了下来，才落下的心又悬到了嗓子眼儿，人们又陷入了慌乱与不安中。这时，救援队队长开始组织另一批队员前去搭救那个最后留下来的人。16 岁的汉斯自告奋勇地报了名。

但他的母亲忙抓住了他的胳膊，用颤抖的声音说："汉斯，你不要去。10 年前，你父亲就是在海难中丧生的，而一个星期前，你的哥哥保罗出了海，可是到现在连一点消息也没有。孩子，你现在是我唯一的依靠了，求求你千万不要去。"

看着母亲那日见憔悴的面容和近乎乞求的眼神，汉斯心头一酸，泪水在眼中直打转，但他强忍住没让它流下来。

"妈妈，我必须去！"他坚定地答道，"妈妈，你想想，如果我们每个人都说：'我不能去，让别人去吧！'那情况将会怎样呢？假如我是那个不幸的人，妈妈，你是不是也希望有人愿意来搭救我呢？妈妈，你让我去吧，这是我的责任。"汉斯张开双臂，紧紧地拥吻了一下他的母亲，然后义无反顾地登上了救援队的划艇，冲入无边无际的黑暗之中。

10分钟过去了，20分钟过去了……一个小时过去了。这一个小时，对忧心忡忡的汉斯的母亲来说，真是太漫长了。终于，救援艇再次冲破迷雾，出现在人们的视野中。岸上的人群再一次沸腾了。

靠近岸边时，汉斯高兴地大声喊道："我们找到他了，队长。请你告诉我妈妈，他就是我的哥哥——保罗。"

这就是人生的报偿。

"己所不欲，勿施于人"，就是将自己想要的东西给予别人，自己需要帮助，就给别人帮助；自己需要关心，就给别人以爱心，当我们真心付出时，回报也就随之而来了。

# 为对方着想，替自己打算

换位思维的行为主旨之一就是为对方着想。在生活中，若遇到只为自己的利益着想的人，我们常常会说这个人自私，鄙视其为人，自然就会很少与其来往。相反，若遇到的是一个能为他人着想的人，我们常常会敬佩其为人，也很乐意与他来往。思己及人，为了创建一个良好的人际交往环境，我们应该尽可能地为对方着想。

倘若期望与人缔结长久的友谊，彼此都应该为对方着想。钓不同的鱼，投放不同的饵。卡耐基说："每年夏天，我都去梅恩钓鱼。以我自己来说，我喜欢吃杨梅和奶油，可是我看出由于若干特殊的理由，鱼更爱吃小虫。所以当我去钓鱼的时候，我不想我所要的，而想鱼儿所需要的。我不以杨梅或奶油作为钓饵，而是在鱼钩上挂上一条小虫或是一只蚱蜢，放入水里，向鱼儿说：你喜欢吃吗？"

如果你希望拥有完美交际，你为什么不采用卡耐基的方法去"钓"一个个的人呢？

依特·乔琪，美国独立战争时期的一个高级将领，战后依旧宝刀不老，雄踞高位，于是有人问他："很多战时的领袖现在都退休了，为什么您还身居高位呢？"

他是这样回答的："如果希望官居高位，那么就应该学会钓鱼。钓鱼给了我很大的启示，从鱼儿的愿望出发，放对了鱼饵，鱼儿才会上钩，这是再简单不过的道理。钓不同的鱼要使用不同的钓饵，如果你一厢情愿，长期使用一种鱼饵去钓不同的鱼，你一定会劳而无功的。"

这的确是经验之谈，是智慧的总结。总是想着自己，不顾别人的死活，不管对方的感受，心中只有"我"，是不可能拥有完美的人际关系的。

为什么有些人总是"我"字当头呢？这是孩子的想法，不近情理的作为，是长不大的表现。你只要认真地观察一下孩子，就会发现孩子那种"我"字当头的本性。当然，一个人如果完全不注意自己的需要，那是不可能的，也是不实际的。因此，注意你自己的需要，这是可以理解的，可是如果你信奉"人不为己，天诛地灭"，变成了一个十足的利己主义者，那么，你就会对他人漠不关心，难道还希望他人对你关怀备至吗？

卡耐基说，世界上唯一能够影响对方的方法，就是时刻关心对方的需要，并且还要想方设法满足对方的这种需要。在与对方谈论他的需要时，你最好真诚地告诉对方如何才能达到目的。

有一次，爱默逊和他的儿子，要把一头小牛赶进牛棚里去，可是父子俩都犯了一个常识性的错误，他们只想到自己所需要的，没有想到那头小牛所需要的。爱默逊在后面推，儿子在前面拉。可是那头小牛也跟他们父子一样，也只想自己所想要的，所以挺起四腿，拒绝离开草地。

这种情形被旁边的一个爱尔兰女佣看到了。这个女佣不会写书，也不会做文章，可是至少在这次，她懂得牲口的感受和习性，她想到这头小牛所需要的。只见这个女佣把自己的拇指放进小牛的嘴里，让小牛吮吸拇指，女佣使用很温和的方法把这头倔强的小牛引进了牛棚里。

这些道理都是最浅显而明白的，任何人都能够获得这种技巧。可是这种"只想自己"的习惯也不是很容易改变的，因为你自从来到这个世界上，你所有的举动、出发点都是为了你自己。

亨利·福特说："如果你想拥有一个永远成功的秘诀，那么这个秘诀就是站在对方的立场上考虑问题——这个立场是对方感觉到的，但不一定是真实的。"

这是一种能力，而这种能力就是你获得成功的技巧。

# 积极主动地适应对方

人不可能总是生活在同一个环境中，即使是生活在同一个环境中，环境也会时常发生变化，如果不会适应环境的变化或者适应新环境，就只能归于失败。

换位思维法告诉我们不仅要时刻替别人着想，还要积极主动地去适应环境，适应周围的人。

假如你想去东北开个菜馆，你可以不全卖东北菜，但最起码的东北四大炖菜你要保留，并且一定要请当地人做菜，假如你想靠徽菜或粤菜以及川菜在东北站稳脚跟，那将是比较困难的。因为东北人最爱吃的就是炖菜，哪怕是东北乱炖也比你那精工细作的佳肴更符合当地人的口味。另外，再加上东北炖菜实惠，而南方菜系讲究味道，分量较少，自然难以被东北人接受。而且，因为东北人豪爽、讲义气，所以只要你服务态度好，他下次肯定还会光顾你的菜馆，而假若你态度太差，即使给予他一定的折扣，他也未必再来，因为他会认为你不够义气。

同样道理，你要想在四川开菜馆，假若川菜不十分拿手的话，你一定会亏得血本无归。由此可见，适应环境和适应别人多么重要。

　　所以，无论在社会上还是在家里，我们不能只关注自己而忽视对方。很多时候，我们应该积极主动地适应对方。

　　一对小夫妻常为吃梨子发生争吵。妻子怕皮上沾了农药有毒，一定要把果皮削掉，而丈夫则认为果皮有营养，把皮削掉太可惜。因为他们常吃梨子，所以也就常争吵。

　　有一次，这对小夫妻争吵时，被他们的老师遇上了。老师了解实际情况后对那位妻子说："你先生这么多年都吃未削皮的梨子，身体还很健康，你担心什么？"老师又对那位丈夫说："你太太不吃皮，你嫌她浪费，那你就把她削的果皮拿去吃了，不就没有事了？"

　　夫妻二人听着听着低下了头。

　　老师接着说："由于不同的家庭环境以及不同成长过程的影响，每个人的生活习惯会有所不同，因此，你们不要勉强对方来认同自己的习惯，同时你们也要体谅和适应对方的习惯。"

　　听了这几句话，夫妻二人恍然大悟。

　　他们悟到了什么？自然是人与人之间要多为对方着想，互相体谅和适应。人和人之间的关系是一个从不适应到适应、从矛盾到和谐的过程，痛苦过后，你会获得进步。

　　适应对方要主动，不能总靠别人来提醒。如你为了让别人能够听到你的声音，刻意提高说话的音量，这时候为了避免对方的误会，以为你在生他们的气，你可以先简单地说明这么大声吼的原因，并为此事先道歉。人们可能因为你不适宜的举止而迁怒于你，但也会因为你彬彬有礼的态度而原谅你。

先天的缺陷可以在后天通过自我修养补回来。只要你愿意改变自己，你就一定做得到。

以下是换位思考的一些经验之谈：

（1）不要太执着，执着于一点往往会失去全部。要把眼光放大、放远、放开，要能放得下，才能提得起。

（2）做人要谦虚，所谓"满招损，谦受益"。太自满、太傲慢会让人看不起，谦虚的人才会受到尊敬。

（3）不能只为自己而活，不要处处只为自己着想。常想想别人，才能为人所接纳。

（4）人生苦短，不要让生命充塞太多的忧郁、伤感，要让欢乐、喜悦常驻心头，并且影响他人。

# 如果找不到解决办法，那就改变问题

一件事情如果找不到解决的办法怎么办？一般的人也许会告诉你："那只能放弃了。"但善于运用逆向思维的杰出人士却会这样说："找不到办法，那就改变问题！"

在 19 世纪 30 年代的欧洲大陆，一种方便、价廉的圆珠笔在书记员、银行职员甚至是富商中流行起来。制笔工厂开始大量生产圆珠笔。但不久却发现圆珠笔市场严重萎缩，原因是圆珠笔前端的钢珠在长时间的书写后，因摩擦而变小，继而脱落，导致笔芯内的油泄漏出来，弄得满纸油渍，给书写工作带来了极大的不便。人们开始厌烦圆珠笔，不再用它了。

一些科学家和工厂的设计师们为了改变"笔芯漏油"这种状况，做了大量的实验。他们都从圆珠笔的珠子入手，实验了上千种不同的材料来做笔前端的"圆珠"，以求找到寿命最长的"圆珠"，最后找到了钻石这种材料。钻石确实很坚硬，不会漏油，但是钻石价格太贵，而且当油墨用完时，这些空笔芯怎么办？

为此，解决圆珠笔笔芯漏油的问题一度搁浅。后来，一个叫马塞尔·比希的人却很好地将圆珠笔做了改进，解决了漏油的问题。他的成功是得益于一个想法：既然不能延长"圆珠"的寿命，那为什么不主动控制油墨的总量呢？于是，他所做的工作只是在实验中找到一颗"钢珠"在书写中的"最大用油量"，然后每支笔芯所装的"油"都不超过这个"最大用油量"。经过反复的试验，他发现圆珠笔在写到两万个字左右时开始漏油，于是就把油的总量控制在能写一万五六千个字。超出这个范围，笔芯内就没有油了，也就不会漏油了，结果解决了这个大难题。这样，方便、价廉又"卫生"的圆珠笔又成了人们最喜爱的书写工具之一。

马塞尔·比希发现解决足够结实又廉价的"圆珠"这个问题比较困难，便将问题转换为控制"最大用油量"，运用逆向思维使原本棘手的问题得到了巧妙的规避，并且不需要耗费多大的精力和财力。

某楼房自出租后，房主不断地接到房客的投诉。房客说，电梯上下速度太慢，等待时间太长，要求房主迅速更换电梯，否则他们将搬走。

已经装修一新的楼房，如果再更换电梯，成本显然太高；如果不换，万一房子租不出去，更是损失惨重。房主想出了一个好办法。

几天后，房主并没有更换电梯，可有关电梯的投诉再也没有接到过，剩下的空房子也很快租出去了。

为什么呢？原来，房主在每一层的电梯间外的墙上都安装了很大的穿衣镜，大家的注意力都集中到自己的仪表上，自然感觉不出电梯的上下速度是快还是慢了。

更换电梯显然不是最佳的解决方案，但问题该怎么解决呢？房主也运用逆向思维改变了问题，将视角从"换不换电梯"这一问题转换到了"该如何让房客不再觉得电梯慢"，问题变了，方案也就产生了，转移大家的注意力就可以了。

无论你做了多少研究和准备，有时事情就是不能如你所愿。如果尽了一切努力，还是找不到一种有效的解决办法，那就试着改变这个问题。

彼得·蒂尔在离开华尔街重返硅谷的时候学到了这一课。

当时，互联网正飞速发展，无线行业也即将蓬勃发展，于是，彼得与马克斯·莱夫钦一起创办了一家叫 FieldLink 的新公司。

这两位创业者相信，无线设备加密技术会是一个成长型市场。但是，他们老早就碰到了问题，最大的障碍是无线运营商的抵制。尽管运营商知道移动设备加密的必要性，但是 FieldLink 是一个名不见经传的新企业，没有定价权，也没有讨价还价的砝码，而且还有许多其他公司试图做这一行，所以 FieldLink 对运营商的需要超过了运营商对它的需要。

另一个问题是可用性。早期的无线浏览器很难使用，彼得和马克斯在这上面无法找到他们认为顾客需要的那种功能。这些挫折将他们引入了一个新的方向。他们不再试图在他们无法控制的两件事，即困难的无线界面和无线运营商的集权上抗争，转而致力于一个更简单的领域——通过 E-mail 进行支付。

当时，美国有 1.4 亿人有 E-mail，但是只有 200 万人有能联网的无线设备。除了提供更大的潜在市场，E-mail 方案还消除了与大公司合作的必要性。同样重要的是，E-mail 使他们能够以一种直观而容易的形式呈现他们的支付方案，而用无线设备上的小屏幕无法做到这一点。

他们将公司的名字改成 PayPal，推出了一项基于 E-mail 的支付服务。为了启动这项服务，彼得决定，只要顾客签约使用 PayPal，就给顾客 10 美元的报酬；每推荐一个朋友参加，再给他 10 美元。"当时这样做看起来简直是疯了，但这是拥有顾客的一个便宜法子。"他解释说，"而且我们拥有的这类顾客其实价值更大，因为他们在频繁使用这个系统。这要比通过广告宣传得到 100 万随机顾客要好"。

PayPal 迅速取得了成功。在头 6 个月里，有 100 多万人签约使用这项新的支付服务。由于容易使用，界面友好，PayPal 迅速成为 eBay 上的支付系统，急剧发展起来。一年后当他们决定关掉无线业务的时候，有 400 万顾客在使用 PayPal，而只有 1 万顾客在使用其无线产品。尽管 eBay 内部有一个名为 Billpoint 的支付服务，但是 PayPal 仍然是在线支付领域无可争议的领袖。PayPal 后来上市了，eBay 最终以 15 亿美元买下了 PayPal。如果彼得和马克斯坚持他们最初的计划，故事的结局就会截然不同了。

为问题寻找到合适的解决办法是通常所用的正向思维思考方式，但是，当难以找到解决途径时，实际上，也许最好的解决办法就是将问题改变，改变成我们能够驾驭的、善于解决的，这也是逆向思维的巧妙运用。

第四章

形象思维——将抽象问题具体化的思维模式

# 巧用形象思维

一次，一位不知相对论为何物的年轻人向爱因斯坦请教相对论。

相对论是爱因斯坦创立的既高深又抽象的物理理论，要在几分钟内让一个门外汉弄懂什么是相对论，简直比登天还难。

然而爱因斯坦却用十分简洁、形象的话语对深奥的相对论作出了解释：

"比方说，你同最亲爱的人在一起聊天，一个小时过去了，你只觉得过了 5 分钟；可如果让你一个人在大热天孤单地坐在炽热的火炉旁，5 分钟就好像一个小时。这就是相对论！"

在这里，爱因斯坦所运用的就是形象思维。

形象思维又称右脑思维，主要是用直观形象和表象解决问题的思维。

当我们碰到较难说清的问题时，如能像爱因斯坦那样利用形象思维打一个比方，或画一个示意图，对方往往会豁然开朗。教师在给学生上课时，如果能借助形象化的语言、图形、演示实验、模型、标本等，往往能使抽象的科学道理、枯燥的数学公式等变得通俗易懂。甚至在政治思想教育中，我们如能借助于文学艺术等特殊手段，进行形象化教育，使简单的说教贯穿于生动活泼的文化娱乐之中，常常也能收到事半功倍的效果。

著名哲学家艾赫尔别格对人类的发展速度有过一个形象生动的比喻。他认为，在到达最后1公里之前的漫长的征途中，人类一直是沿着十分艰难崎岖的道路前进的，穿过了荒野，穿过了原始森林，但对周围的世界万物茫然一无所知，只是在即将到达最后1公里的时候，人类才看到了原始时代的工具和史前穴居时代创作的绘画。当开始最后1公里的赛程时，人类才看到难以识别的文字，看到农业社会的特征，看到人类文明刚刚透过来的几缕曙光。离终点200米的时候，人类在铺着石板的道路上穿过了古罗马雄浑的城堡。离终点还有100米的时候，在跑道的一边是欧洲中世纪城市的神圣建筑，另一边是四大发明的繁荣场所。离终点50米的时候，人类看见了一个人，他用创造者特有的充满智慧和洞察力的眼光注视着这场赛跑——他就是达·芬奇。剩下最后5米了，在这最后的冲刺中，人类看到了惊人的奇迹，电灯光亮照耀着夜间的大道，机器轰鸣，汽车和飞机疾驰而过，摄影记者和电视记者的聚光灯使胜利的赛跑运动员眼花缭乱……

在这里，艾赫尔别格正是运用了形象思维，将漫长的人类历史栩栩如生地展现在人们的面前。

我们都有过这样的体会：在学习几何时，往往头脑中有一个确切的形象，或是矩形，或是三角形，或是圆，之后在头脑中对该形象进行各种各样的处理，就好像一切都是展现在我们的面前一样。再如，学习物理中的电流、电阻时，头脑中显现的是水在管道中流动的景象，顿时，看不见的电流、电阻变得形象生动起来，理解起来也容易得多了。这就是形象思维在学习中应用的一个小片段。

形象思维还可以用于发明创造，使发明的过程变得简单明了。

田熊常吉原是一位木材商，文化程度很低，可他却运用丰富的形象思维改进了锅炉。

田熊首先将锅炉系统简化成"锅系统"和"炉系统"，锅系统包括集水器、循环水管、汽包等，主要功能是尽可能多地吸热，保证冷热水循环；炉系统包括燃烧炉排风机、鼓风机、烟道等，主要功能是给"锅系统"供热，减少热损失。简言之，锅炉的要素就是燃烧供热和水循环。田熊想，人体具有燃烧供热和血液循环这两大要素，人体不就是一个热效率很高的锅炉系统吗？

于是田熊马上画出了一张人体血液循环图和一张锅炉的结构模型图，将两者进行比较后，田熊发现，心脏相当于汽包，瓣膜相当于集水器，动脉相当于降水管，静脉相当于水管群，毛细血管与水包相似。据此，他构思出了新型锅炉的结构方案，锅炉经过田熊的方案进行改造后，热效率果然大大提高了。

形象思维使我们的头脑充满了生动的画面，为我们展现了一个更为丰富多彩的世界，是需要我们学习、掌握的一种必备的思维方法。

# 展开想象的翅膀

1968 年，美国内华达州一位叫伊迪丝的 3 岁小女孩告诉妈妈：她认识礼品盒上的字母 "O"。这位妈妈非常吃惊，问她怎么认识的。伊迪丝说："薇拉小姐教的。"

这位母亲表扬了女儿之后，一纸诉状把薇拉小姐所在的劳拉三世幼儿园告上了法庭，理由是该幼儿园剥夺了伊迪丝的想象力。因为她的女儿在认识 "O" 之前，能把 "O" 说成苹果、太阳、足球、鸟蛋之类的圆形东西，然而自从她识读了 26 个字母，伊迪丝便失去了这种能力。她要求该幼儿园赔偿伊迪丝精神伤残费 1000 万美元。

3 个月后，法院审判的结果出人意料，劳拉三世幼儿园败诉，因为陪审团的 23 名成员被这位母亲在辩护时讲的一个故事感动了。

她说：我曾到东方某个国家旅行，在一家公园里见过两只天鹅，一只被剪去了左边的翅膀，另一只完好无损。剪去翅膀的一只被收养在较大的一片水塘里，完好的一只被放养在一片较小的水塘里。

管理人员说，这样能防止它们逃跑。剪去翅膀的那只无法保持身体的平衡，飞起来就会掉下来；在小水塘里的那只虽然没有被剪去翅膀，但起飞时会因为没有足够的滑翔距离，而老实地待在水里。今天，我感到伊迪丝变成了劳拉三世幼儿园里的一只天鹅。他们剪掉了伊迪丝的一只翅膀，一只幻想的翅膀；他们早早地把她投进了那片水塘，那片只有 ABC 的小水塘。

想象是形象思维的高级形式，是在头脑中对已有表象进行加工、改造、重新组合形成新形象的心理过程。想象与形象思维的过程是一致的。想象力具有自由、开放、浪漫、跳跃、形象、夸张等特点。想象力使思维逍遥神驰，一泻千里，超越时空。萧伯纳认为，想象是创造之始。奥斯本说：想象力可能成为解决其他任何问题的钥匙。爱因斯坦则告诫说：想象比知识更重要，因为知识是有限的，而创造需要想象，想象是创造的前提，想象力概括着世界上的一切，没有想象就不可能有创造。

19 世纪，物理学家们都知道，在一个原子里，既存在着带正电的粒子，也有带负电的粒子。而这两种粒子在原子内部究竟保持着什么样的关系，却始终弄不清楚。因为这靠逻辑推理是演绎不出来的，且在当时的条件下，也不可能通过实验来证明。

到了 19 世纪末 20 世纪初，许多物理学家曾作过各种各样的想象，并将这些想象物化为直观的"模型"。经过比较，大家一致认为英国物理学家汤姆生提出的"葡萄干面包模型"和出生于新西兰的英国物理学家卢瑟福提出的"太阳系模型"较为合理。

汤姆生是这样想象并设计模型的：带负电的粒子，像葡萄干一样，镶嵌在由带正电的粒子所构成的像面包一样的没有空隙的球状实体里。卢瑟福想象的则是：带负电的电子像太阳系的行星那样，围绕着占原子质量绝大部分的带正电的原子核旋转。

这两个模型的重要区别就是原子内部有无空隙。卢瑟福的模型标出原子内部有空隙，后来的实验证明，他的判断是正确的。

实际上，这两位物理学家和别人一样，对于带正电的粒子和带负电的粒子之间到底是以一种什么关系构成原子的也弄不清楚，只是根据自己有关的知识、经验和形象积累，作出了关于它们之间关系的具体情景的想象，以填补和充实对原子内部结构认识上的不足。

这种想象过程的进行和所起的作用，就是将人们认识事物的"认识链条"上的"缺环"进行了充填和补充，使之完整地连为一体。

想象离不开模型。模型作为原型的替代物，只有展开想象的翅膀，在头脑中运用想象对其残缺的部分进行扎实填补，才能"完整""形象"和"逼真"。

随着人们思考问题逐渐深入和涉及问题领域的日趋扩大，固有的思维方式也应随之发生变化。

对于某些未知事物的探索和研究，仅靠简单的逻辑推理已不能解决问题，常规的实验更是无从做起，这时，就需要我们充分展开想象的翅膀，以我们的形象思维为突破口，使我们的认识有一个质的飞跃，并得到长足的发展。

# 运用想象探索新知

———————

想象作为形象思维的一种基本方法，不仅能构想出未曾知觉过的形象，而且能创造出未曾存在的事物形象，因此是任何探索活动都不可缺乏的基本要素。没有想象力，一般思维就难以升华为创新思维，也就不可能做出创新。

美国的莱特兄弟在大树下玩的时候，看到一轮明月挂在树梢，便产生了上树摘月亮的幻想。结果不但没有摘到月亮，反而把衣服剐破了。

"如果有一只大鸟，我们就能骑上它，飞到天空中去摘月亮了。"两个孩子想到。

从此莱特兄弟俩废寝忘食，终于在 1903 年根据鸟类和风筝的飞行原理，成功地制造出了人类历史上第一架用内燃机做动力的飞机。莱特兄弟的"骑上大鸟，飞上天空"的幻想终于实现了。

当然，由于想象是脱离现实的，因此想象越大胆，所包含的错误可能也越多，不过这并没有什么关系，因为想象中所蕴含的创新价值往往是不可估量的。比如，人类有了"嫦娥奔月"的幻想，才有今天"阿波罗号"登月；有了"木牛流马"的幼稚想象，才有今天在战场上纵横驰骋的装甲战车。这些都是想象给人的启迪，人类科学史上的许多创造发明、发现都是从想象中产生的。

　　DNA双螺旋结构的发现，是近代科学的伟大成就之一。由于DNA是生物高分子，普通光学显微镜无法看到它的结构。在1945年，英国生物学家威尔金斯首先使用X光衍射技术拍摄到世界上第一张DNA结构照片，但很不清晰，照片上看到的是一片云状的斑斑点点，有点像螺旋形，但不能断定。1951年春，英国剑桥大学的另一位生物学家克里克利用X光射线拍摄到了清晰的蛋白质照片，这是一个重大的突破。美国一位年轻的生物学博士沃森当时正在做有关DNA如何影响遗传的实验，听到这一消息便来到克里克的实验室和克里克一起研究DNA结构。

　　这年5月，沃森在一次学术会议上见到威尔金斯，威尔金斯提出了DNA可能是螺旋形结构的猜想。回到剑桥大学后，沃森便和克里克一起仔细研究那张DNA照片。沃森想，DNA的结构形状会不会是双螺旋的，就像一个扶梯，旋转而上，两边各有一个扶手？于是他便与克里克用X光衍射技术反复对多种病毒的DNA进行照相，并进行多次模拟实验。最后他们终于发现DNA的基本成分必须以一定的配对关系来结合的结构规律，从而揭示出DNA的分子式是"双螺旋结构"。1953年4月，他们有关DNA结构的论文发表在英国《自然》杂志上。这篇论文只有1000多字，其分量却足以和达尔文的《物种起源》相比。

DNA 结构的发现，为解开一切生物（包括人类自身）的遗传和变异之谜带来了希望。1962 年，沃森、克里克和威尔金斯三人因 DNA 结构的发现而共获诺贝尔医学奖。

从 DNA 结构的发现过程中我们可以看出，想象在科学创新过程中起了决定性作用。

想象不仅能帮助人们摒弃事物的次要方面，而且能帮助人们抓住事物的重要本质特征，并在大脑中把这些特征组合成整体形象，从而探索到新的知识。知识创新需要有卓越的想象力，与计算机相比，想象力是人脑的优势。在逻辑中难以推导出新知识、新发明的地方，想象力能以超常规形式为我们提供全新的目标形象，从而为揭示事物的本质特征提供重要思路或有益线索，为我们开拓出全新的思维天地。

运用想象力探索新知识，首先要善于提出新假说。创造性想象对于提出科学假说具有重要作用。恩格斯说："只要自然科学在思维着，它的发展形式就是假说。"科学知识的一般形成法则可以表达为一个公式：问题—假说—规律（理论）。最初总是从发现问题开始的。然后，根据观察实验得来的事实材料提出科学的假说，假说经过实践检验得到确证以后，就上升为规律或者理论。

从文学角度来看，知识可以使我们明察现在，而丰富的想象力则可以使我们拥有开拓未来、探索新知识的能力。想象能开阔我们的视野，使我们洞察到前所未有的新天地。想象是直觉的延伸与深化，卓越的想象力更有助于人们揭示未知事物的本质。

# 开启你的右脑

大脑的左、右两个半球分别称为左脑和右脑。它们表面有一层约3毫米厚的大脑皮质或大脑皮层。两半球在中间部位相接。美国神经生理学家斯佩里发现了人的左脑、右脑具有不同的功能。右脑主要负责直感和创造力，或者称为司管形象思维、判定方位等。左脑主要负责语言和计算能力，或称为司管逻辑思维。一般认为，左脑是优势半球，而右脑功能普遍得不到充分发挥。

从创新思维的角度来说，开发右脑功能的意义是十分重大的。因为右脑活跃起来有助于打破各种各样的思维定式，提高想象力和形象思维能力。近年来，不少人对锻炼、开拓右脑功能产生浓厚兴趣。提倡开拓右脑，正是为了求得左、右脑平衡、沟通和互补，以期最大限度地提高人脑的效率。两个大脑半球的活动更趋协调后，将进一步提高人的智力和创新能力。

能促进右脑功能发挥的活动有许多，现讲述8点：

（1）画知识树，在学习活动中经常把知识点、知识的层次、方面和系统及其整体结构用图表、知识树或知识图的形式表达出来，有助于建构整体知识结构，对大脑右半球机能发展有益。

（2）培养绘画意识，经常欣赏美术图画，还要动手绘画，有助于大脑右半球的功能开发。

（3）发展空间认识，每到一地或外出旅游，都要明确方位，分清东西南北，了解地形地貌或建筑特色，培养空间认识能力。

（4）练习模式识别能力，在认识人和各种事物时，要观察其特征，将特征与整体轮廓相结合，形成独特的模式加以识别和记忆。

（5）冥想训练，经常用美好愉快的形象进行想象，如回忆愉快的往事，遐想美好的未来，想象时形象鲜明、生动，不仅使人产生良好的心理状态，还有助于右脑潜能的发挥。

（6）音乐训练，经常欣赏音乐或弹唱，增强音乐鉴赏能力，能促进大脑右半球功能发挥。

（7）在日常生活中尽可能多使用身体的左侧。身体左侧多活动，右侧大脑就会发达。右侧大脑的功能增强，人的灵感、想象力就会增加。比如，在使用小刀和剪刀的时候总用左手，拍照时用左眼，打电话时用左耳。

（8）见缝插针练左手。如果每天得在汽车上度过较长时间，可利用它锻炼身体左侧。如用左手指钩住车把手，或手扶把手，让左脚单脚支撑站立。习惯于将钱放在自己的衣服左口袋，上车后以左手取钱买票。此外，还有一些特殊的方法值得借鉴。

①在左手食指和中指上套上一根橡皮筋，使之成为"8"字形，

然后用拇指把橡皮筋移套到无名指上，仍使之保持"8"字形。依此类推，再将橡皮筋套到小指上，如此反复多次，可有效地刺激右脑。

②手指刺激法。苏联著名教育家苏霍姆林斯基说，手使脑得到发展，使它更加聪明。他又说："儿童的智慧在手指头上。"许多人让儿童从小练习用左手弹琴、打字、珠算等，这样双手的协调运动，会把大脑皮层中相应的神经细胞的活力激发起来。

③环球刺激法。尽量活动手指，促进右脑功能，是这类方法的目的。例如，每捏一次健身环需要 10 ~ 15 公斤握力，五指捏握时，又能促进对手掌各穴位的刺激、按摩，使脑部供血通畅。特别是左手捏握，对右脑起激发作用。有人数年坚持"随身带个圈（健身圈），有空就捏转；家中备副球，活动左右手"，确有健脑益智之效。此外，多用左、右手掌转捏核桃，作用也一样。

此外，开拓右脑的方法还有：非语言活动、跳舞、美术、种植花草、手工技艺、烹调、缝纫等。既利用左脑，又运用了右脑。如每天练半小时以上的健身操，打乒乓球、羽毛球等，特别需要让左手、右腿多活动，这类活动是"自外而内"地作用于大脑的。

# 从兴趣中激发形象思维

兴趣，是一个人充满活力的表现。生活本身应该是赤橙黄绿青蓝紫多色调的。从兴趣中激发形象思维，生活才会有七色阳光，才会有许许多多的创造成果。

爱因斯坦把全部的兴趣和想象投入了他热爱的物理学领域。对自己不感兴趣的课程，他很少投入过多心思去学习。不管在哪儿，他的思想都在物理学中，在他研究的问题里漫游着。想象力就是驱动力，驱使着他去寻找问题的答案。

一天，他对经常辅导他数学的舅舅说："如果我用光在真空中的速度和光一道向前跑，能不能看到空间里的电磁波呢？"舅舅用异样的目光盯着他看了许久，目光中既有赞许，又有担忧。因为他知道，爱因斯坦提出的这个问题非同一般，将会引起出人意料的震动。此后，爱因斯坦全身心地投入了此项研究，并提出了"相对论"。

物理学问题激发了他的想象，他的想象力又帮他探索着这些物理学问题。在科学研究领域，兴趣与想象是一对无法分开的姊妹。

镭的发现也是这样一个过程。

"镭的母亲"居里夫人从小就对科学实验产生了兴趣。

在与法国年轻物理学家皮埃尔·居里相识后，她正式走入了物理学研究的大门。

居里夫人注意到法国物理学家贝克勒尔的研究工作。自从伦琴发现 X 射线之后，贝克勒尔在检查一种稀有矿物质"铀盐"时，又发现了一种"铀射线"，朋友们都叫它贝克勒尔射线。

贝克勒尔发现的射线，引起了居里夫人极大兴趣，射线放射出来的力量是从哪里来的？居里夫人看到当时欧洲所有的实验室还没有人对铀射线进行过深入研究，于是决心闯进这个领域。

居里夫人受过严格的高等化学教育，她在研究铀盐矿石时想到，没有什么理由可以证明铀是唯一能发射射线的化学元素。她根据门捷列夫的元素周期律排列的元素，逐一进行测定，结果很快发现另外一种钍元素的化合物，也能自动发出射线，与铀射线相似，强度也相像。居里夫人认识到，这种现象绝不只是铀的特性，必须给它起一个新名称。居里夫人提议叫它"放射性"，铀、钍等有这种特殊"放射"功能的物质，叫作"放射性元素"。

一天，居里夫人想到，矿物是否有放射性？在皮埃尔的帮助下，她连续几天测定能够收集到的所有矿物。她发现一种沥青铀矿的放射性强度比预计的强度大得多。

经过仔细地研究，居里夫人不得不承认，用这些沥青铀矿中铀和钍的含量，绝不能解释她观察到的放射性的强度。

这种反常的而且过强的放射性是哪里来的？只能有一种解释：这些沥青矿物中含有一种少量的比铀和钍的放射性作用强得多的新元素。居里夫人在以前所做的试验中，已经检查过当时所有已知的元素了。居里夫人断定，这是一种人类还不知道的新元素，她要找到它！

居里夫人的发现吸引了皮埃尔的注意，居里夫妇一起向未知元素进军。在潮湿的工作室里，经过居里夫妇的合力攻关，1898年7月，他们宣布发现了这种新元素，它比纯铀放射性要强400倍。为了纪念居里夫人的祖国——波兰，新元素被命名为"钋"。

1898年12月，居里夫妇又根据实验事实宣布，他们又发现了第二种放射性元素，这种新元素的放射性比钋还强。他们把这种新元素命名为"镭"。可是，当时谁也不能确认他们的发现，因为按化学界的传统，一个科学家在宣布他发现新元素的时候，必须拿到实物，并精确地测定出它的原子量。而居里夫人的报告中却没有钋和镭的原子量，手头也没有镭的样品。居里夫妇克服了人们难以想象的困难，为了提炼镭，他们辛勤地奋斗着。居里夫人每次把20多公斤的废矿渣放入冶炼锅熔化，连续几小时不停地用一根粗大的铁棍搅动沸腾的材料，而后从中提取仅含百万分之一的微量物质。

他们从1898年一直工作到1902年，经过几万次的提炼，处理了几十吨矿石残渣，终于得到0.1克的镭盐，测定出了它的原子量是225。

镭宣告诞生了!

居里夫妇证实了镭元素的存在,使全世界都开始关注放射性现象。镭的发现在科学界爆发了一次真正的革命。

有些人抱怨自己在学习和工作中发挥不出任何想象力,其中的原因也许就在于你对所从事的事情不感兴趣。这时,你需要做的就是换一件事情来做,或者培养自己对目前工作的兴趣。有了兴趣,就会激发出无限的想象力,做什么事情都会感到身心愉悦、轻松愉快,也会觉得浑身有使不完的力气,学习工作都会有持久的活力。

# 想象中的标靶

许多人认为，只有爱因斯坦式的伟大人物才能够通过想象力创造奇迹，事实上，我们每个人都有创造类似奇迹的天赋，只是我们大多数人没有发挥出来而已。如果你怀疑这个论断，就请从下面的几个实验中选一个验证一下吧。这个论断也告诉我们，倘若我们想象着自己在做某件事，脑子里留下的印象和我们实际做那件事留下的印象几乎是一样的。通过想象力完成的实践还能够强化这种印象。有些事情，甚至单纯通过想象力就可以实现。

通过一个人为控制的实验，心理学家凡戴尔证明：让一个人每天坐在靶子前面，想象着自己正在对靶子投镖。经过一段时间后，这种心理练习几乎和实际投镖练习一样能提高准确性。

《美国研究季刊》报道过一项实验，证明想象练习对改进投篮技巧的效果。

第一组学生在 20 天内每天练习实际投篮，把第一天和最后一天的成绩记录下来。

第二组学生也记录下第一天和最后一天的成绩，但在此期间不做任何练习。

第三组学生记录下第一天的成绩，然后每天花 20 分钟做想象中投篮。倘若投篮不中时，他们便在想象中作出相应的纠正。

实验结果：

第一组每天实际练习 20 分钟，进球增加了 24%。

第二组因为没有练习，也就毫无进步。

第三组每天想象练习投篮 20 分钟，进球增加 40%。

查理·帕罗思在《每年如何推销两万五》的书中，讲到底特律的一些推销员利用一种新方法让推销额增加了 100%，纽约的另一些推销员增加了 150%，其他一些推销员使用同样的方法则让他们的推销额增加了 400%。

推销员们使用的魔法实际上就是所谓的扮演角色。其具体做法是：想象自己完成了多少销售任务，然后找出实现的方法，这样反复想象，直到实际完成的任务量达到想象中完成的任务量。

由此可见，他们取得好成绩也就很正常了。如此，他们越来越善于处理不同的情况了。一些卓有成效的推销员，通过想象力，并结合自己实际的操作，取得了很高的工作业绩。

他们还深刻地得出以下的体会：每次你同顾客谈话时，他说的话、提的问题或反对意见，都是体现了一种特定的情境。倘若你总是能估计他要说些什么，并能马上回答他的问题、妥善处理他的反对意见，你就能把货物推销出去。

一个成功的推销员自己就可以想象推销时的情境。想象出客户怎样刁难自己，自己应该怎样对付，等等。

由于事先想象过了，不管在什么情况下，你都能够有备无患。你想象和顾客面对面地站着，他提出反对意见，给你出各种难题，而你能迅速而圆满地加以解决。

从古到今，不少成功者都曾自觉或不自觉地运用了"想象力"和"排练实践"来完善自我，获得成功。

拿破仑在带兵横扫欧洲之前，在想象中"演习"了多年的战法。《充分利用人生》一书中说："拿破仑在大学时所做的阅读笔记，复印时竟达满满400页之多。他把自己想象成一个司令，画出科西嘉岛的地图，经过精确的计算后，标出他可能布防的每一情况。"

世界旅馆业巨头康拉德·希尔顿在拥有一家旅馆之前，就想象自己在经营旅馆。当他还是一个小孩子的时候，就常常"扮演"旅馆经理的角色。

亨利·凯瑟尔说过，事业上的每一个成就实现之前，他都在想象中预先实现过了。这真是妙不可言，难怪人们过去总是把"想象"和"魔术"联系起来。"想象力"在成功学中，确实具有难以预料的魔力。

但是想象力并非"魔力"，是我们每个人大脑里生来就有的一种思维能力。如果你想看看自己的想象力到底有多大能量，不妨就上面的几个例子自己试验一下。

# 将你的创意视觉化

将创意视觉化是许多创造人士成功的秘密，也是各行各业高效能表现的秘诀。你也可以试试以下几种想象游戏，去开发自己的天分。

请准备一颗红苹果、一颗橘子、一颗绿色的无花果、几颗红葡萄和一把蓝莓。把这些水果放在你面前的桌上，静静坐一会儿，让自己随着呼吸的起伏放松。接着，请你仔细观看苹果，用大约30秒的时间，研究苹果的形状和色泽。现在请你闭上眼睛，试着在心中重现苹果的形象。用同样的方式，轮流研究每一种水果。接着再重复练习一次，但这一次观察时请把水果握在手里。闻闻苹果的香味，并咬一口。把全部的注意力放在这颗苹果的味道、香味和口感上，在你吞咽下这口苹果时，闭上眼，尽情享受被引发的多重感官体验。请你继续用同样的方式，品尝上述的每一种水果，在你心灵的眼睛里，想象每一种水果的形象。接着再用你的想象力，创造出每种水果的实际形象，再放大一百倍。再把水果缩回原来的大小，再想象自己从不同的角度看水果。这个有趣的练习，能帮助你强化创意想象的逼真度与弹性。

著有《爱因斯坦成功要素》的闻杰博士发现了一种提高想象力的"影像流动法"。影像流动其实非常简单，是刺激右半脑和接触内在天才特质的好方法。

（1）先找个舒服的地方坐下来，"大吐几口气"，用轻松的吐气帮助自己放松。轻轻闭上双眼，再把心中流过的影像大声说出来。

（2）大声形容流过心中的影像，最好是说给另一个人听，或是用录音机录下来亦可。低声的叙述无法造成应有的效应。

（3）用多重感官体验丰富你的形容，五感并用。例如，如果沙滩的影像出现，别忘了描述海沙的质感、香味、口感、声音和外形。当然，形容沙滩的口感听起来很奇怪，但别忘了，这个练习可让你像最有想象力的人物一样思考。

（4）用"现在时"时态去描述影像，更具有引出灵活想象力的效果，所以在你形容一连串流过的影像时，要形容得仿佛影像"现在"正在发生。

做这个练习时，不需要主题，只要把影像流动当作漫游于想象与合并式思考中、不拘形式而流畅的奇遇。影像流动练习通常无须意识的指示，自行找到前进的动力，表达各种主题。你也可以用这个方法向自己提出某个问题，或是深入探讨某一个特定的主题。

第五章

# 博弈思维——掌握主导权的法则

# 下棋与博弈思维

————————

　　"博弈"这个词听起来高深莫测，其实它就是"游戏"的意思。更准确点说，是可以分出胜负的游戏。博弈思维就是"游戏理论"，或者说，是一种通过如何在"玩游戏"中获胜而采取的一系列的策略。

　　下棋，是人们非常熟悉也非常擅长的事情，也是生活中常见的博弈场景。几乎每个人都下过棋，且都希望取胜。为此，在下棋过程中常常为一着棋冥思苦想，最后作出决策。但是，很少有人知道，就在这"苦想"中实际包含"博弈思维法"，即我们在大脑中设计了许多方案，并以极快的思维操作比较了它们的优劣，从中挑选出一种最好、最理想的方案付诸实际。这就是我们每一步的实际下法。下棋如此，对任何问题的认识也是如此。目前，博弈思维方法已成为一种科学思维方法，广泛应用于各类实践活动之中，尤其是在领导活动、军事活动、体育活动、生产经营活动、人际关系等社会生活中的各种情景中。

　　博弈思维最早产生于古代的军事活动和游戏活动中。在体育游戏中，经常会出现这种情况，即甲、乙双方各出三个人进行摔跤比赛。甲、乙双方的领头人不是让自己的队员随意地同对方某一队员较量，而是先了解清楚对方三名成员的实力，并把对方三名成员的实力同己方成员的实力进行客观对比，然后作出决定：谁打头阵，谁在中间，谁压轴，以自己的弱者去对付对方的最强者，以自己的最强者对付对方的次强者，以自己的次强者对付对方的最弱者，保证二比一稳赢对方。

在博弈中，双方各自希望获胜，都在进行数学推算和心理揣摩。有时推测正确，赢得胜利；有时推测错误，就会失败。所以，博弈不是单方面的想法和行动，而是对立双方之间的互动，是双方各自作出科学、巧妙策略或对策的数学推演。

例如，"囚徒困境"中的甲和乙进行的就是一场策略和较量。

甲、乙两个人一起携枪准备作案，被警察发现抓了起来。警方怀疑，这两个人可能还犯有一起纵火罪，但没有充分的证据，于是分别进行审讯。为了分化瓦解对方，警方告诉他们：如果主动坦白，可以减轻处罚；如果顽抗到底，一旦同伙招供，就要受到严惩。

如果两人都不坦白，警察会以非法携带枪支罪而将二人各判刑1年；如果其中一人招供而另一人不招，坦白者作为证人将不会被起诉，另一人将会被重判15年；如果两人都招供，则两人都会因纵火罪各判10年。

甲、乙两个犯罪嫌疑人在各自的房间里算起了小九九。

甲想：假如乙不招，我只要一招供，马上可以获得自由，而不招却要坐牢 1 年，显然招比不招好；假如乙招了，我不招，则要坐牢 15 年，招了只坐 10 年，显然还是以招为好。无论乙招与不招，我的最佳选择都是招认。还是招了吧。

乙想：假如甲不招，我只要一招供，马上可以获得自由，而不招却要坐牢 1 年，显然招比不招好；假如甲招了，我不招，则要坐牢 15 年，招了只坐 10 年，显然还是以招为好。无论甲招与不招，我的最佳选择都是招认。还是招了吧。

结果甲、乙两个人都分别向警方坦白了自己的罪行。

甲和乙两个自认为聪明的人分别被判刑 10 年。

假如他们在接受审问之前有机会见面好好谈清楚，他们一定会同意拒不认罪。不过，接下来他们很快就会意识到，无论如何，那样一个协定也不见得管用。一旦他们被分开，审问开始，每个人内心深处那种企图通过出卖别人而换取一个更好判决的想法，就会变得非常强烈。这样一来，他们还是逃脱不了最终被判刑的命运。

博弈思维需要用到许多不同类型的技巧，其中一种是基本技巧，如打篮球不能缺少的投篮能力，在法律界工作不能缺少的案例积累能力，下棋的时候需要记住大量的"定式"等。这些技巧一旦脱离了游戏，可能就没有多大用处了。但博弈论的策略思维则是另外一种技巧，它要求从你的基本技巧出发，考虑的是怎样将这些基本技巧最大限度地发挥出来。这是具有普遍意义的原则，可以应用于生活的方方面面。

# 理性是博弈思维的内核

————

两个旅行者从一个出产细瓷花瓶的地方回来，都买了花瓶。可是提取行李的时候，发现花瓶被摔坏了。于是，他们向航空公司索赔。航空公司知道花瓶的价格总在八九十元上下浮动，但是不知道两位旅客买的确切价格是多少。于是，航空公司请两位旅客在100元以内自己写下花瓶的价格。如果两人写的一样，航空公司将认为他们讲的是真话，并按照他们写的数额赔偿；如果两人写的不一样，航空公司就认定写得低的旅客讲的是真话，并且照这个低的价格赔偿，但是对讲真话的旅客奖励2元钱，对讲假话的旅客罚款2元。

为了获取最大赔偿，甲、乙两位旅客最好的策略就是都写100元，这样两人都能够获赔100元。

可是甲很聪明，他想：如果我少写1元变成99元，而乙会写100元，这样我将得到101元。何乐而不为？所以他准备写99元。可是乙更加聪明，他算计到甲要算计自己而写99元，"人不犯我，我不犯人；人若犯我，我必犯人"，于是他准备写98元。想不到甲又聪明一层，算计出乙要这样写98元来坑他，"来而不往非礼也"，他准备写97元……

最后的结果可想而知，两个人都写了1元。航空公司获得了最大的利益。

为什么会出现这样的场面呢？

因为博弈论的基本假设是：人都是理性的。

这个基本预设的含义是：人们在面对问题和一个个具体情境的时候，都不是盲动的、莽撞的、没头脑的，而是能够在选择策略的时候有明确的目标，就是使自己的利益最大化。

这就好比两人下棋，你出子的时候，为了赢棋，得仔细考虑对方的想法，而对方出子时也得考虑你的想法，所以你还得想到对方在想你的想法，对方当然也知道你想到了他在想你的想法。

这就是所谓的"你知道我知道，我知道你知道……"的博弈循环。

在花瓶索赔的例子中，两个人都"彻底理性"和"聪明绝顶"，都能看透十几步甚至几十步、上百步，而且都聪明地猜到了对方将要采用的策略，但遗憾的是，两个理性人"精明比赛"的结果，是每个人都只写1元的田地。

# 在多种备选方案中选择最佳

目标明确之后，就要围绕目标寻找各种可能的方案，并尽可能安全。因为每一种可能的方案都有可能成为最后的决策。众多的备选方案是针对实际行为中可能出现的情况而制定的，在进行对比分析、组合分析、概率分析以及心理分析之后，方可选中某一方案作为最后方案。

在对待复杂事物时，要想使可能方案完备不太可能，使最后方案达到最理想状态也不太可能。就像一个人，按医学的要求，他身上的各类元素达到一定的量才是最理想、最健康的，但这种人是不存在的，只存在于温室中。因为一旦现实的人身上的各类要素均达到医学中最理想的要求时，他就不是一个现实的人而是各类要素的堆积。

即便如此，在探索备选方案时，仍要努力避免两种误区：一是以偏概全、以次充好；二是只给出一种方案，不进行选择。当在探索合适的备选方案时全力以赴，即使在博弈中因各个方面的实力都不敌对方而失败，也不致产生遗憾；而没有供选择的方案，常会因双方对局的形势的小变化而使自己处于劣势。所以，这两种做法都是不可取的。

我们从影视剧中看到警匪对峙时，警方都会准备几套行动方案，这些方案都是基于对整个事件各个环节可能出现的各种问题所设计的对策，以应对行动中的各种可能的变化。同时，对方也会设计多种方案，和警方周旋，以求脱身。然而，在警方与匪方的博弈中，因双方获取资源和信息的渠道、数量、准确度等差异，往往使警方占上风。

为了保证在双方的博弈中占据优势、取得胜利，不但要准备多种方案，还要在执行时选出最合适的方案。

众所周知荷兰是花园之国，但由乱丢垃圾引起的城市环境卫生问题也曾让相关部门很是头疼。

政府部门动员卫生局的全体员工献计献策，很快，员工们提出了第一个解决方案：

对乱堆乱放垃圾者罚款25元。可是，许多居民并不在乎这些小钱，垃圾还是照样乱丢不误。

于是，当局把罚款额提高到了50元。一些人白天怕罚款，就晚上偷偷跑到街上一倒了事。

不久，员工们又提出了第二种方案：增加街道巡逻人员，采取强硬措施。但是收效甚微。

该市的卫生工作人员可谓绞尽了脑汁，他们又用了其他几种办法，结果也都不理想。

正在局长大为烦恼的时候，一个年轻的职员走进了局长的办公室：

"局长，我现在有一个更好的办法能够解决目前的垃圾问题。"

过了几天，这个年轻人的方案落实了下去，效果出奇地好。

这是为什么呢？

原来这个年轻人通过对前几种方案的观察，提出了新的方案：

设计一种电动垃圾桶，桶上装有感应器，每当垃圾丢进桶里，感应器就启动录音机，播出一则事先录制好的笑话，笑话内容经常变，不同的垃圾桶笑话也不同。

这样，市民们被这个新奇的玩意儿吸引了，开始喜欢往垃圾桶里倒垃圾了。

从另一个角度讲，各种备选方案并非都是可实行的方案，哪一种备选方案可以实行就依赖于对备选方案进行价值分析、效益分析、可行性分析、风险度（可靠性和可信度）分析等。只有通过这样的分析，方可判断出诸方案的好坏来。当然，判断的标准不一样，也会得出不同的结论。

# 智猪博弈与借势发展

———————

博弈中有一个经典模型——智猪博弈。

假设猪圈里有两头猪同在一个食槽里进食，一头大猪，一头小猪。我们假设它们都是有着认识和实现自身利益的充分理性的"智猪"。猪圈两头距离很远，一头安装了一只控制饲料供应的踏板，另一头是饲料的出口和食槽。猪每踩一下踏板，另一头就会有相当于 10 份的饲料进槽，但是踩踏板以及跑到食槽所需要付出的"劳动"，加起来要消耗相当于 2 份的饲料。

两头猪可以选择的策略有两个：自己去踩踏板或等待另一头猪去踩踏板。如果某一头猪作出自己去踩踏板的选择，不仅要付出劳动，消耗掉 2 份饲料，而且由于踏板远离饲料，它将比另一头猪后到食槽，从而减少吃到饲料的数量。我们假定：若大猪先到（小猪踩踏板），大猪将吃到 9 份的饲料，小猪只能吃到 1 份的饲料，最后双方得益为［9，-1］；若小猪先到（大猪踩踏板），大猪和小猪将分别吃到 6 份和 4 份的饲料，最后双方得益为［4，4］；若两头猪同时踩踏板，同时跑向食槽，大猪吃到 7 份的饲料，小猪吃到 3 份的饲料，即双方得益为［5，1］；若两头猪都选择等待，那就都吃不到饲料，即双方得益均为 0。

那么这个博弈的均衡解是什么呢？这个博弈的均衡解是大猪选择踩踏板，小猪选择等待，这时，大猪和小猪的净收益水平均为 4 个单位。这是一个"多劳不多得，少劳不少得"的均衡。

我们知道，在博弈中，博弈双方都会选择最优策略，而且都明确知道对方的最优策略，所以，在这场博弈中，小猪所选择的策略只有一个——等待，而这一策略又是为大猪所知的，那么，大猪便毫无其他选择，尽管心不甘，但也没有办法。

在生活中，智猪博弈也是无处不在的。

在一个股份公司当中，股东都承担着监督经理的职能，但是大小股东从监督中获得的收益大小不一样。在监督成本相同的情况下，大股东从监督中获得的收益明显大于小股东。因此，小股东往往不会像大股东那样去监督经理人员，而大股东也明确无误地知道不监督是小股东的优势策略，知道小股东要搭大股东的"便车"，但是别无选择。大股东选择监督经理的责任、独自承担监督成本，是在小股东占优选择的前提必须选择的最优策略。这样一来，与智猪博弈一样，从每股的净收益（每股收益减去每股分担的监督成本）来看，小股东要大于大股东。

这样的客观事实就为那些"小猪"提供了一个十分有用的成长方式，那就是"借"。有一句话叫作"业成气候人成才"。仅仅依

深度思维 ━━━━
思维深度决定你最终能走多远

靠自身的力量而不借助外界的力量，一个人很难成就一番大事业。在市场营销中更是如此。每一位营销者要想发展，都必须学会利用市场上已经存在的舞台和力量。只有具备更高的精神境界，才能借助外界的力量，把自己托上广阔的天空。

在商业运作中也可以借助他人的力量，但要求有自己的主导产品，才能在发展中坐坐"顺风车"。

蒙牛乳业的副总裁孙先红就成功策划了一场坐"顺风车"的广告宣传。

"蒙牛"曾是个名不见经传的企业，它是如何以如此快的速度使"蒙牛"尽人皆知，又是怎样在强大的竞争对手压力之下跻身全国乳业前列的呢？原来，蒙牛深知"借势"的作用，在自己很弱小时就站在巨人的肩膀上进行了超越。

走向1999年的蒙牛，钱少，名小，势薄。更为残酷的是，蒙牛与伊利同城而居。在狮子鼻尖下游走，在巨人脚底下起舞，在鲁班门前耍大斧，行吗？

但是，事物总有两面性。伊利既是强大的竞争对手，也是蒙牛学习的榜样。伊利不正为蒙牛提供了后发优势吗？

好，那就站到巨人的肩膀上。

孙子说，用兵之道，以正合，以奇胜。面对严峻的市场，蒙牛的借势之作腾空而起：创内蒙古乳业第二品牌。

内蒙古乳业的第一品牌是伊利，这是世人皆知的。可是，内蒙古乳业的第二品牌是谁？没人知道。蒙牛一出世就提出创"第二品牌"，这等于把所有其他竞争对手都甩到了身后，一起步就"加冕"到了第二名的位置。而且，伊利也是中国冰激凌第一品牌——蒙牛这光沾大了，这势借巧了。

创意出来了，如何用最少的钱最大化地把它传播出去？

有调查报告称，打知名度，第一媒体是电视，第二媒体是户外广告。经过一个月的考察，孙先红认为在呼和浩特，花同样的钱，路牌广告的效果比电视广告要好。

当时在呼市经营路牌广告的益维公司，大量资源处于闲置状态，没人认识到这一广告资源的宝贵。

孙先红就用"马太效应"策动益维负责人：你的牌子长时间没人上广告，那就会无限期地荒下去，小荒会引起大荒；如果蒙牛铺天盖地做上 3 个月，就会有人认识到它的价值，一人买引得百人购。所以，我们大批量用你的媒体，其实也是在为你做广告，你只收工本费就会成为大赢家。

结果，蒙牛只用成本价，就购得了 300 多块路牌广告的发布权。发布期限为 3 个月。

媒体有了，怎么发布？

用红色！因为红色代表喜庆，红色最惹眼、最醒目。

出奇兵！不能陆陆续续上，必须一觉醒来，满大街都是。不鸣则已，一鸣惊人。

1999 年 4 月 1 日就是这样一个日子。一觉醒来，人们突然发现所有主街道都戴上了"红帽子"——道路两旁冒出一溜溜的红色路牌广告，上面高书金黄大字："蒙牛乳业，创内蒙古乳业第二品牌！"并注："发展乳品工业，振兴内蒙古经济。"

一石激起千层浪。夺目的广告牌吸引了无数探寻的眼睛，角角落落流传着不约而同的话题："蒙牛"是谁的企业？以前怎么没听说过？工厂在哪儿？声言创"第二品牌"，是吹牛，还是真有这么大的本事……

人们认识蒙牛了。

蒙牛能够做到在短时间让人认识、了解，最终认同它的理念，不但得力于强大而巧妙的广告攻势，更得力于对乳业巨人伊利的借势。如果没有伊利的"第一"，蒙牛也就无从想出"第二"。我们可以看到，蒙牛整个造势过程，都是以伊利为标杆的，无论是以蒙牛的"前辈"，还是以竞争对手的身份出现，伊利这个中国乳业的老大着实做了一把蒙牛的配角，把蒙牛"捧红"了。

兵法《三十六计》中有计为："树上开花，借局布势，力小势大。鸿渐于陆，其羽可用为仪也。"这是指利用别人的优势造成有利于自己的局面，虽然兵力不大，却能发挥极大的威力。这也是智猪博弈中，小猪的最优策略。大雁高飞横空列阵，全凭大家的长翼助长气势。

# 发挥自己的优势

在任何博弈中，都会涉及对策略进行选择。此时如何作选择甚至会影响我们一生的发展。有这样一个故事可以说明选择的重要性：

有三个人要被关进监狱3年，监狱长同意满足他们每人一个要求。美国人爱抽雪茄，要了三箱雪茄。法国人最浪漫，要一个美丽的女子相伴。而犹太人说，他要一部与外界沟通的电话。

3年过后，第一个冲出来的是美国人，嘴里塞满了雪茄，大喊道："给我火，给我火！"原来他忘了要火。接着出来的是法国人，只见他手里抱着一个小孩子，美丽女子手里牵着一个小孩子，肚子里还怀着第三个。最后出来的是犹太人，他紧紧握住监狱长的手说："这3年来我每天与外界联系，我的生意不但没有停顿，反而增长了200%。为了表示感谢，我送你一辆劳斯莱斯！"

这个故事告诉我们，决定命运的是选择，而非机会。

如果只能活6个月，你会做哪些事情呢？会更多地做哪些事情呢？会和谁共同度过这6个月呢？这些答案将会告诉你真正珍惜的东西，以及自己认为真正重要的东西。

什么样的选择决定什么样的生活，你今天的生活是由3年前所作出的选择决定的；而今天的选择，却将不仅决定你3年后的生活，更会影响你最终离开人世时的样子。这就是人生博弈的法则。

在博弈思维中，基于理性的判断，人们通常都会选择给自己带来更大收益的策略，那么，哪一个策略的收益更大呢？

由此，我们想到了一个话题：弥补自己的劣势与发挥自己的优势，这两者你该作怎样的选择？

有些人选择弥补劣势，企图做到各方面均衡发展，但当他投入了人力、物力、精力、财力后，才发现劣势经过弥补也不会转变为优势，将目光固着在劣势上，会阻碍自身的发展。

更多的成功者作出的是另外一种选择——发挥自己的优势。管理学大师德鲁克也在一直强调发挥优势胜于弥补劣势。

优势，是每一个人都具备的，能否取得成功，往往就取决于能否发现并发挥自己的优势。

在美国有一个名叫克利的青年，他本是一个非常快乐的人，拥有一个幸福的家庭。可是在一次车祸中他不幸弄断了一条腿，被工厂老板炒了"鱿鱼"，只好在家闲着。克利感到非常沮丧，对生活失去了信心，认为自己是一个废人了，一生都可能拖累别人。所以他提出和妻子离婚。

妻子不同意离婚，并鼓励他说，你的腿没了，但你还有手，你可以靠自己的双手来养活自己，你应该找一个适合自己干的工作。

一次，他的儿子拿来一辆弄坏的电动遥控车让他修理，克利做过电工，这点小事难不倒他，他很快就把遥控车修好了。儿子十分高兴，说："爸爸，你真棒！以后我的玩具坏了都让你修理。"

儿子的话提醒了克利，他想，现在的玩具越来越高级，大都是电动玩具或声、光、电的遥控玩具，价钱很贵，但这些高级玩具都经不住摔打，小孩玩不了几天就出故障。当时还没有修理玩具的店，自己何不试一试呢？于是，他便买来一些玩具，天天对着这些玩具来研究它们经常出现的毛病，然后再寻找办法来修理。他还经常看一些关于玩具的书。不久，他就能修理一些高级的玩具了。

于是，他就开了一家玩具修理店，还起了一个新奇的名字：克利玩具急诊所。

开业的第一天，就来了一大批小顾客，克利凭着娴熟的手艺，很快就将这些小"病号"修理好了。于是，这批小顾客便成了"小广告"，四处宣扬。"克利玩具急诊所"的名声不胫而走，满城皆知。顾客一批接着一批来，不到一年的工夫，克利已使 1000 多个玩具死而复生，这些"病号"包括小到拳头大的电动猴子，大到电动摩托，还有游戏机、卡拉 OK 机等。

修理费视玩具的大小贵贱而定，通常每天都可收入 500 美元左右，克利也在修理过程中积累了丰富的经验。这样，克利不仅养活了自己，而且还积累了一笔财富。

这是一个发挥优势获得成功的例子。主人公并没有选择弥补"腿没了"的劣势，而是选择了发挥"灵巧的手"这一优势，并且靠自己的优势渡过了生活的难关。

　　我们每个人都有自己不同的优势，要在生活中学会将它们发挥出来。比如，口才好的人可以去谈判，而不一定做企业策划；文字功底好的人可以进入出版行业或做撰稿人，而不一定做管理工作。总之，将优势发挥到极致，在优势中取胜才是最佳的选择。

# 谈判中的"先发"与"后动"

　　有一个聪明的男孩，妈妈带着他到杂货店去买东西。老板看到这个可爱的小孩，就打开一罐糖果，要他自己拿一把糖果。但是这个男孩却没有任何动作。于是，老板亲自抓了一大把糖果放进他的口袋中。回到家中，母亲很好奇地问儿子，为什么没有自己去抓糖果呢？小男孩回答得很妙："因为我的手比较小呀！而老板的手比较大，所以他拿的一定比我拿的多很多！"

　　这个故事揭示了一个博弈论的小招数：一定要耐心，不要暴露某些重要细节，让别人以为你不会出手，当对手迫不及待地想利用你的迟延时，就可以有力回击。

　　这在我们的生活中是常见现象：非常急切的买方往往要付高一些的价钱购得所需之物；急切的销售人员往往也是以较低的价格卖出自己所销售的商品。正是这样，富有经验的人买东西、逛商场时总是不紧不慢，即使内心非常想买下某种物品，也不会在商场店员面前表现出来；而富有经验的店员们总是会以"这件衣服卖得很好，

114

这是最后一件"之类的陈词滥调劝诱顾客。

事实上，上述的做法都是有博弈论的依据的。在博弈论中，谈判过程存在"先发优势"与"后动优势"之说。一般情况下，第二个开价者占据更大的优势。

对于任何谈判都要注意，一方面，尽量摸清对方的底牌，了解对方的心理，根据对方的想法来制定自己的谈判策略。另一方面，就是耐性，谈判者中能够忍耐的一方将获得更多的利益，我们凭借直觉就可以判断，越是急于结束谈判的人越会早让步妥协，或作出越大的让步。

这一策略我们也可以运用在生活中。

有一次，小李在公司会议上作报告。在场的有些人与其说是同事，不如说是敌人。他们憋足了劲要对小李的方案吹毛求疵。但小李却采用了一个"后动"的策略来对付他们：在会前发的提纲里，小李只简述主要内容，有意略去某些细节和解释。小李的一些同事认为他的方案忽略了某些方面，并针对这些方面准备对小李展开攻击。开会时，当他们扬扬得意地把那些问题提出来后，小李马上打开投影仪，侃侃而谈，他的方案既有全局统筹意识，又有细节的详细规划。自然，他的报告获得了满堂彩。对手们下次再想对小李发难，就得三思而后行了。

这种策略还可以用于别的情况。当你想努力改变别人的看法时，如应聘面试、商业谈判和资格口试等，都可以先假装糊涂，然后发挥"后动优势"，旁征博引，把各种道理、根据一一道来。

孩子们也会利用这种策略。他们先是"忘了"告诉你他们懂的东西，但在你没有料到的场合，却会突然说出那方面的知识，让你称赞一番。比如，你为儿子开生日聚会，一切都顺利，参加聚会的孩子都很乖。当大家唱完生日歌鼓掌祝贺的时候，你儿子却突然开始独唱生日歌，而且唱的是俄语！这让你大吃一惊，又暗自得意。你从来不知道儿子会唱俄语歌，更没有想到他敢在大庭广众之下露一手。

　　总之，在别人毫不提防的情况下，发挥"后动优势"，此时提供重要事实，或者表演绝招，都可以使你更加引人注目。

# 第六章

## 系统思维——从更高层面上解决问题的方法

# 由要素到整体的系统思维

系统思维也叫整体思维，是人们用系统眼光从结构与功能的角度重新审视多样化的世界。

系统是由相互作用、相互联系的若干组成部分结合而成的，它是具有特定功能的有机整体。系统思维的核心就是利用前人已有的创造成果进行综合，这种综合，如果出现了前所未有的新奇效果，当然就成了更新的创造。从某种意义上说，发明创造就是一门综合艺术。

整体思维是创造发明的基础，它大量存在于我们的生活之中，有材料组合、方法组合、功能组合、单元组合等多种形式。徐悲鸿大师的名作《奔马》，运笔狂放、栩栩如生，既有中国水墨画的写意传统，又有西洋油画的透视精髓，它是中国画和油画技法的组合。我们买来的一件件成衣，是衣料、线、扣子等的组合。钢筋混凝土是钢筋和水泥的组合体。集团公司的产生、股份制的形成、连锁店的出现，都是综合的结晶。

系统思维是"看见整体"的一项修炼，它是一种思维框架，能让我们看到相互关联的非单一的事情，看见渐渐变化的形态而非瞬间即逝的一幕。这种思维方法可以使我们敏锐地预见到事物整体的微妙变化，从而对这种变化制定出相应的对策。

美国人民航空公司在营运状况仍然良好的时候，麻省理工学院系统动力学教授约翰·史德门就预言其必然倒闭，果然不出其所料，两年后这家公司就倒闭了。史德门教授并没有很多精确的数据，他只是运用了系统思考法对人民航空公司的"内部结构"进行了观察，发现这个公司组织内部一些因果关系还未"搭配"好，而公司的发展又太快了，当系统运作得越有效率，环扣得越紧，就越容易出问题，走错一步，满盘皆输。史德门之所以能够看出问题的本质，是因为他运用了整体动态思考方法，透过现象看到了问题的本质。

系统思维法是一种将各要素之间点对点的关系整合成系统关系的方法，在一般人的眼中，也许甲和乙是没有关系的独立个体，但是，以系统思维法去考察，却能够发现，这两者是息息相关的有机整体，那么，处理问题时就要将甲和乙全部纳入考虑范畴了，就像下面的这个故事一样：

一次，"酒店大王"希尔顿在盖一座酒店时，突然出现资金困难，工程无法继续下去。在没有任何办法的情况下，他突然心生一计，找到那位卖地皮给自己的商人，告知自己没钱盖房子了。地产商漫不经心地说："那就停工吧，等有钱时再盖。"

希尔顿回答："这我知道。但是，假如一直拖延着不盖，恐怕受损失的不止我一个，说不定你的损失比我的还大。"

地产商十分不解。希尔顿接着说："你知道，自从我买你的地皮盖房子以来，周围的地价已经涨了不少。如果我的房子停工不建，你的这些地皮的价格就会大受影响。如果有人宣传一下，说我这房子不往下盖，是因为地方不好，准备另迁新址，恐怕你的地皮更是卖不上价了。"

"那你想怎么办？"

"很简单，你将房子盖好再卖给我。我当然要给你钱，但不是现在给你，而是从营业后的利润中，分期返还。"

虽然地产商极不情愿，但仔细考虑，觉得他说得也在理，何况，他对希尔顿的经营才能还是很佩服的，相信他早晚会还这笔钱，便答应了他的要求。

在很多人眼里，这本来是一件完全不可能做到的事，自己买地皮建房，但是出钱建房的，却不是自己，而是卖地皮给自己的地产商，而且"买"的时候还不给钱，而是用以后的营业利润还。但是希尔顿做到了。

为何希尔顿能够创造这种常人不可思议的奇迹呢？

就在于他妙用了一种智慧——系统智慧。其中最根本的一条，是他把握了自己与对方不只是一种简单的地皮买卖关系，更是一个系统关系——他们处于一损俱损、一荣俱荣的利益共同系统中。

从上面的例子我们也可以看出：在系统思维中，整体与要素的关系是辩证统一的。整体离不开要素，但要素只有在整体中才成其为要素。从其性能、地位和作用看，整体起着主导、统率的作用。因此，我们观察和处理问题时，必须着眼于事物的整体，把整体的功能和效益作为我们认识和解决问题的出发点和归宿。

# 学会从整体上去把握事物

———————

要运用好系统思维，就要学会从全局整体把握事物及其进展情况，重视部分与整体的联系，才能很好地从整体上把握事物。

第二次世界大战期间，在伦敦英美后勤司令部的墙上，醒目地写着一首古老的歌谣：

因为一枚铁钉，毁了一只马掌；

因为一只马掌，损了一匹战马；

因为一匹战马，失去一位骑手；

因为一位骑手，输了一次战斗；

因为一次战斗，丢掉一场战役；

因为一场战役，亡了一个帝国。

这一切，全都是因为一枚马蹄铁钉引起的。

这首歌谣质朴而形象地说明了整体的重要性，精确地点出了要素与系统、部分与整体的关系。

世界上任何事物都可以看成一个系统，系统是普遍存在的。大至渺茫的宇宙，小至微观的原子，一粒种子、一群蜜蜂、一台机器、一个工厂、一个学会团体……都是系统，整个世界就是系统的集合。

系统论的基本思想方法告诉我们，当我们面对一个问题时，必须将问题当作一个系统，从整体出发看待问题，分析系统的内部关联，研究系统、要素、环境三者的相互关系和变动的规律性。

有一年，稻田里一片金黄，稻浪随风起伏，一派丰收景象。令人奇怪的是，就在这片稻浪中，有一块地的水稻稀稀落落，黄矮瘦小，与大片齐刷刷的稻田成了鲜明的对照。

这是怎么回事呢？原来田地的主人急用钱，于是在这块面积为2.5亩的田地上挖去一尺深的表土，卖给了砖瓦厂，得了1万元。由于表面熟土被挖，有机质含量锐减，这年春天的麦苗长得像锈钉，夏熟麦子收成每亩还不到150斤。水稻栽上后，尽管下足了基肥，施足了化肥，可是水稻长势仍不见好。

有人给他算了一笔账，夏熟麦子少收1000多斤，损失400元，而秋熟大减产已成定局，损失更大。今后即使加倍施用有机肥，要想这块地恢复元气，至少需要5年，经济损失至少在2万元以上。这么一算，这块农田的主人叫苦不迭，后悔地说："早知道这样，当初真不应该赚这块良田的黑心钱。"

这位农地主人原本只是用土换钱，并没有看到表土与庄稼之间的关系，本以为是将无用的东西换成金钱，结果却让他失去更多，需要花费更多的钱来弥补自己的损失。这就是缺乏系统眼光和系统思维的结果。

与之相对比，"红崖天书"的破译却是得益于从整体上去把握事物。

所谓"红崖天书"，是位于贵州省安顺地区一处崖壁上的古代碑文；在长 10 米、高 6 米的岩石上，有一片用铁红色颜料书写的奇怪文字，字体大小不一，大者如人，小者如斗，非凿非刻，似篆非篆，神秘莫测。因此，当地的老百姓称之为"红崖天书"。近百年来，"红崖天书"引起了众多中外学者的研究兴趣，甚至有人推测这是外星人的杰作。据说，郭沫若等著名的学者也曾经尝试破译。但是一直没有定论。

直到上海江南造船集团的高级工程师林国恩发布了对"红崖天书"的全新诠释，学术界才一致认为，这一"千古之谜"终于揭开了它的神秘面纱。

那么，非科班出身的林国恩是如何破译这个"千古之谜"的呢？林国恩于 1990 年了解"红崖天书"以后，对它产生了浓厚的兴趣，从此把他的全部业余时间放到了破译工作上。他祖传三代中医，自幼即背诵古文，熟读四书五经。他于 1965 年考入上海交通大学学习造船专业，但是他业余时间钻研文史，学习绘画。由于他是造船工程师，系统学习对他有很深的影响，使他掌握了综合看待问题的方法，这为他破译"红崖天书"打下了坚实的基础。

在长达 9 年的研究中，他综合考察了各个因素，查阅了 7 部字典，把"红崖天书"中 50 多个字，从古到今的演变过程查得清清楚楚。在此基础上，他做了数万字的笔记，写下了几十万字的心得，还三次去贵州实地考察，为破译"红崖天书"积累了丰富的资料。

经过系统综合的考证，林国恩确认了清代瞿鸿锡摹本为真迹摹本；文字为汉字系统；全书应自右向左直排阅读；全书图文并茂，一字一图，局部如此，整体亦如此。从内容上分析，"红崖天书"成书约在1406年，是明朝初年建文皇帝所颁发的一道讨伐燕王朱棣篡位的"伐燕诏檄"。全文直译为：燕反之心，迫朕逊国。叛逆残忍，金川门破。杀戮尸横，罄竹难书，大明日月无光，成囚杀之地。需降服燕魔，做阶下囚。

我们可以设想，如果不能将这些文字与其历史背景、文字结构、图像寓意结合起来，不能将它们作为一个整体去考察、去把握，恐怕"红崖天书"到现在也只是一个谜。

由此，我们可知：问题的内部不仅存在关联，与外部环境也同样产生作用。我们必须将其分开进行观察，然后再将其按照系统的模式来进行分析。

当你学会了系统思维，能够以一个整体的眼光去看问题的时候，相信你就可以更容易地把握和处理问题了。

# 对要素进行优化组合

———

系统思维法，就像将所面对的事物或问题作为一个整体加以分析，并且在系统运作过程中，要对要素进行优化组合，让适当的要素在最佳位置上发挥出最佳的作用，往往可以产生 1+1 > 2 的效果。

我国古代著名的"田忌赛马"的故事就是一个典型的例子。

孙膑是战国时期的著名军事家。齐国大臣田忌喜欢和公子王孙们打赌赛马，但总是输。于是，孙膑对田忌说："您只管下重注，我包您一定能赢。"

赛马时，孙膑让田忌用自己的上等马跟别人的中等马比赛，用中等马与别人的下等马比赛，再用下等马对付别人的上等马。结果三场比赛，田忌胜了两场。

孙膑之所以能让田忌稳操胜券，在于他将整个赛马活动当成了一个系统来处理，而且他善于将系统要素进行优化组合。虽然以下等马和别人的上等马比，非输不可，但是另外的两场比赛，却是每场都赢。正是因为孙膑善于将系统要素进行优化组合，才能达到"反败为胜"的结局。

系统要素进行优化组合在生活的各个方面均有体现。如在农业中，农作物配合栽培方法即是其一。一块田地，什么时间应该种什么作物，玉米、大豆、棉花等不同的作物应该怎样搭配才能获得高产量？这就需要用系统思维来解决。

企业中的人对企业来说，是关乎企业成败的要素，人的分配问题也值得每一个企业深思。如果企业人员工作分配合理、人尽其才，将每个人发挥出的能量加合在一起，将会推动企业迅速地向前发展；但如果人员没有做到优化组合，不能让正确的人去做正确的事，那时，有能力的人因"英雄无用武之地"而离去，身居高位的无能者都不能够积极进取，最终，企业很有可能败落。

在系统思维中，各要素并不是割裂的独立个体，而是相互链接的一个整体，这些要素可以在最佳的协调机制下处于最理想的工作状态。

贝特茜和鲍里斯需要做三件家务：（1）用吸尘器打扫地板。他们只有一个吸尘器。这项活计需要30分钟。（2）用割草机修整草坪。他们只有一架割草机。这项活计也需要30分钟。（3）给婴儿喂食和洗澡。这项活计也需要30分钟。

贝特茜和鲍里斯如何合作，才能尽快做完家务？

如果不将各要素作为一个整体来进行优化组合的话，无论由谁单独完成两项任务，需要的时间都是60分钟。

然而，如果从系统优化组合的角度来思考，似乎还有更大的协同空间，诀窍是让贝特茜和鲍里斯两人在整个过程中都一直在工作，只要运用整体性思维对全过程进行优化组合，就会找出这一似乎不存在的空间：让贝特茜先用吸尘器完成一般的地板清扫任务（1分钟），并让她自己单独完成照顾婴儿的任务（30分钟）。同时，鲍里斯开始用割草机修整草坪（30分钟），接着来清扫地板（15分钟）——总时间为45分钟。

总之，系统思维要求人们用系统眼光从结构与功能的角度重新审视多样化的世界，把被形而上学分割了的世界重新整合，将单个元素和切片放在系统中实现"新的综合"，以实现"整体大于部分的简单总和"的效应。

# 方法综合：以人之长补己之短

———————

1764 年哈格里夫斯发明的珍妮纺纱机，由 1 个纺锤改为 80 个纺锤，大大提高了纺纱的效率。纺出来的纱虽然均匀，但不结实。1768 年阿克赖特发明了水力纺纱机，效率提高了，纺出来的线也结实了，但纺出来的线很不均匀。1779 年青年工人克朗普敦把哈格里夫斯和阿克赖特两个纺车的技术长处，加以综合，设计出一个纺线既结实又均匀的纺纱机，有三四百支纱锭，效率也提高了。为了纪念两种纺车的结合，就起名为杂种骡子的名称，叫骡机。马克思对此评价很高："现代工业中一个最重大的发明——自动骡机。推动了英国的纺织技术革命。"

像这样各自去掉自己的短处，吸取别人的长处的思维方式，就是系统思维法中的方法综合。

日本广岛的家畜繁殖名誉教授渡边守之和中国台湾的学者一起成功地培育出比普通鸭重两倍而肉味鲜美的新型大鸭种。他们是怎样培育的呢？它们是北京鸭和南美的麝香鸭交配而成的。

他们分析北京鸭的特点是：体重轻、肉味鲜美。

麝香鸭的特点是：体重重，有四五公斤，但有一种怪味。

特点分析出来以后，就取长补短，经过多次试验，终于培育出一种新型骡鸭：体格健壮、生长迅速、肉味鲜美，公、母鸭体重均在 4 公斤左右，却没有繁殖力的鸭子。

以上说明，只有将两种或多种事物的要素进行系统、深入的分析，找到各自的优点和缺点，才能做到方法综合。

爱迪生发明的电影窥视箱是一种只能让一个人观看的活动电影箱，但其影像的大小和位置一致。法国路易斯·卢米埃尔发明的电影放映机能让许多人同时观看，但影像的大小和位置不一致。后来，爱迪生看到卢米埃尔的电影放映机的长处，就把个人观看的窥箱机改为大众观看的放映机。反之，卢米埃尔也吸取了爱迪生窥视箱胶片的特点，采用爱迪生每秒 16 张画的放映频率，35 毫米宽的胶片，在胶片两边每格画幅打四个矩形齿孔，使胶片能在齿轮带动下均匀地通过机器，映出大小和位置一致的影像，这比卢米埃尔原来的画格两边只有一对圆形片孔的间歇式抓片机构要稳定得多。由于他们相互取长补短，使现代化电影工艺趋向统一，无声电影便诞生了。

综合方法要求我们在观察事物时不能孤立地看待一个个体，见"木"更要见"林"，努力从其他事物中寻找该事物不具备的优点，积极地将两者进行整合，扬长避短，从而达到最终的创造作用。

# 确定计划后再付诸行动

制订计划是系统思维的一种体现，如果没有对事情全局上的把握与规划，那么你的结局大半会是失败。

如果你不再是拥有整整二十几年的时间，而是只有二十几次机会了，那你打算如何利用剩下的这二十几次机会，让它们变得更有价值呢？

你是去听音乐会，或是和家人在一起，或是去度假，还是什么安排都可以？许多人心里都没有一个完整的计划，然而，没有计划本身就是一种失败的计划——你正在计划着自己的失败。没有人愿意失败，却在不自觉地把自己推向失败之路。

你并不能保证做对每一件事情，但是你永远有办法去做对最重要的事情，计划就是一个排列优先顺序的办法。成功人士都善于规划他们自己的人生，他们知道自己要实现哪些目标，并且拟订一个详细的计划，把所有要做的事按照优先顺序排列，并按这一顺序来做。当然，有的时候没有办法 100% 地按照计划进行。但是，有了计划，便给人提供了做事的优先顺序，让他可以在固定的时间内，完成需要做的事情。

马克·吐温说过："行动的秘诀，在于把那些庞杂或棘手的任务，分割成一个个简单的小任务，然后从第一个开始下手。"

计划是为了提供一个整体的行动指南，从确立可行的目标，拟订计划并执行，最后确认出你达到目标之后所能得到的回报。你应该是在未做好第一件事之前，从不考虑去做第二件事，凡事要有计划，有了计划再行动，成功的概率会大幅提升。

生命图案就是由每一天拼凑而成的，从这样一个角度来看待每一天的生活，在它来临之际，或是在前一天晚上，把自己如何度过这一天的情形在头脑中浏览一遍，然后再迎接这一天的到来。有了一天的计划，就能将一个人的注意力集中在"现在"。只要将注意力集中在"现在"，那么未来的大目标就会更加清晰，因为未来是被"现在"创造出来的。接受"现在"并打算未来，未来就是在目标的指导下最终创造出来的东西。

这就像盖房子。如果有人问你："你准备什么时候动工，开始盖一栋你想要的房子？"当你在头脑中已经勾勒出整个工程的时候，你就可以开始破土动工了。如果你还没有完成对它的规划和勾勒就草率行事，这是非常愚蠢的举动。

假设你刚刚开始砌砖，有人走上前来说："你在盖什么呢？"你回答说："我还没想好。我先把砖铺起来，看看最后能盖出个什么来。"人家会把你看成傻瓜。一个人只要作出一天的计划、一个月的计划，并坚持原则、按计划行事，那么在时间利用上，他已经开始占据了自己都无法想象的优势。

不论是学习、工作，还是生活，我们都要重视从整体上把握事情的进展，如果今天没有为明天做好计划，那么明天将无法拥有任何成果！

# 将整体目标分解为小阶段

　　系统思维法教给我们的智慧有两点：考察事物时将其作为一个整体，解决问题时则可以将一个整体分为小的阶段，逐个进行突破。

　　我们常常被一个问题的复杂和棘手吓倒，认为解决它几乎是"不可能完成的任务"。但你是否尝试过将这个吓倒你的大问题分解成一个个小问题来解决呢？

　　在 1984 年的东京国际马拉松邀请赛中，名不见经传的日本选手山田本一出人意料地夺得了冠军。当记者问他凭什么取得如此惊人的成绩时，山田本一笑了笑："凭智慧战胜对手。"记者当场蒙了，以为山田本一故弄玄虚，哪有马拉松靠智慧而不靠体力和耐力取胜的？两年后，意大利国际马拉松邀请赛在米兰举行，山田本一代表日本参赛。这一次，他又夺得了冠军。记者再次请他谈谈经验，山田本一沉默了一会儿，还是说了那句话："凭智慧战胜对手。"记者还是迷惑不解，他到底靠的是什么智慧呢？

　　10 年后，这个谜底终于在他的自传中揭开。他在自传中写道：

"每次比赛前，我都要乘车把比赛路线仔细看一遍，并把沿途比较醒目的标志画下来，如第一个标志是银行，第二个标志是一棵大树，第三个……一直画到赛程终点。比赛开始后，我就以百米冲刺的速度奋力冲向第一个目标，到达第一个目标后，我休整自己，又以同样的速度向第二个目标冲去。几十公里的赛程就这样被我分解成多个小目标轻松地跑完。其实，起初我并不懂得这样的道理，我始终把我的目标定在终点线上的那面旗帜上，结果我跑到十几公里处就疲惫不堪了，我被前面那段遥远的路程给吓倒了。"

我们的生活、工作都像是一场场的马拉松比赛，许多目标乍一看遥不可及，但我们若能本着从零开始，从点滴去实现的决心，有效地将问题分解成许多板块，然后分阶段向目标前进，就能大大提高我们攻克难关的信心和解决问题的效率。

"分"是一种大智慧，它不仅能够帮助我们解决心理上的压力，也能帮助我们将难以解决的问题高效解决。

拿破仑·希尔曾举过这样一个例子：

同样是做房地产生意，杰克计划向银行贷款大约 12000 万美元，而罗比则向银行贷款 11939 万美元。

最后，银行贷款给罗比，而拒绝了杰克的贷款请求。

在银行主任看来，罗比的预算具体且考虑很周到，说明罗比办事仔细认真，成功的希望较大。

罗比是怎样做到将预算计划得如此详细的呢？罗比介绍了一种将目标逐一击破的方法。利用这种方法，你可以对自己的工作进行规划：

假设你的工作计划为 5 年，让你的 5 年宏伟目标获得成功的秘诀是化整为零，每天做一点能做到的事。

### 1. 将你的目标分成 5 份

你把 5 年目标分成 5 份，变成 5 个一年目标，那你就可以确切地知道从现在到明年的此刻你必须完成的工作了。

### 2. 将每年的目标分成 12 份

祝贺你，你将进一步有了每月的目标了。如果要落实你的 5 年计划，你现在就更能清楚地了解从现在到下月的此时你应该完成什么了。

### 3. 将每月的目标分成 4 份

现在你可以知道下星期一早上必须着手做什么了。同时，唯有如此，你才会毫不迟疑地去做自己该做的事，然后，继续进行下一步。

### 4. 将每周的目标分成 5 ~ 7 份

用哪个数字划分，完全取决于你打算每周以几天从事这项工作。如果喜欢一周工作 7 天，则分成 7 份；如果认为 5 天不错，就分成 5 份。选择哪一种全靠你自己。但是，不论作何种选择，结果都是一成不变的：为了成功，我今天必须做什么？

当你从头到尾采取这种程序后，每天早晨就会胸有成竹地奔向坚定不移的目标，日复一日，年复一年，直至达到你最终的理想。

内容明晰的每周、每月和每年的目标有助于你发挥个人所长，集中精力，全力以赴地完成既定工作，从而获取个人的成功和幸福。同时，分成可行的逐日小目标可以减轻你因为茫然不知所措而产生的烦躁。

如果你对所做的事情不断怀疑，事情往往会做得很糟糕。但是，一旦你知道所做的事正好掌握了最佳时机，你就一定会做得更快、更好，而且有更大的热情和冲劲。

确立 5 年目标，并将它们划分成可以逐日完成的工作还有一个益处，即它能帮你判断你是否已真正瞄准目标。

例如，你从事销售，并决定一年内要拜访 500 个新主顾才能达到销售额，那么扣掉周末和节假日，一年大约有 250 个工作日。也就是说，每个工作日只需拜访两个人（上午、下午各一人）就可以达到目标了。

如果你真的一天拜访两个人，将来有一天，当你发现自己一年竟已拜访了 500 个后，可能就会说："我还可以做得更好，等着瞧吧！"

或者还有另一种情况，你发现每周 5 天的计划竟只用 3 天半就完成了。因此，第二个月的月底，就已经在做第五个月的工作计划了。所以，确立逐日的 5 年目标这一做法，消除了成功遥不可及的神秘感，彻底把它化为行动。

工作中遇到的困难就是我们要攻克的目标。每个人都会有或多或少的畏难心理，如果困难太大，很容易使我们因畏惧而裹足不前。系统思维告诉我们：若将困难划分为一个阶段一个阶段的具体目标，继而有针对性地去攻破，那么，无论多大的困难都会被我们瓦解。

从实际来看，将目标分解成几个小阶段来完成是一种十分实用的做事方式。很多时候，面前的目标太大的话，不止是让人产生畏难心理，还有可能因为没有太多的相关经验，不知道该如何制订计划，这时候选择分阶段分步走，就非常实用了。每个阶段完成一个小目标，同时会对下一阶段有预判，整体目标也就自然而然地完成了。

# 利用事物间的关联性解决问题

一般情况下，事物间都是普遍存在关联性的，在系统思维的指导下，我们可以利用事物间的关联性分析问题、解决问题。

《红楼梦》中冷子兴述说荣、宁二府时，便说"贾、史、王、薛"这四大家庭互有姻亲关系，是一损俱损、一荣俱荣的，后来贾雨村依靠林如海的推荐，最终在贾政的帮助下谋得官职便是利用人际关系网办事的一个典型范本。

现在，不止人与人之间的关系是互有联系的网状结构，几乎任何事物都可以找到与其他事物的关联处，并可以用来解决问题。

炒股的朋友都知道，股票的价格是受多方面因素影响的，如国家政治格局、经济政策、企业发展、能源占有，等等，而这些因素之间也存在或多或少的联系。其一方面出现的一点点变动，也许就可以影响甚至决定大盘的走向。所以，在投资时，股民就可以利用这些因素与股价的关联性进行判断，进而作出"买进"或"卖出"的决定。

下面这个小故事中的老农就利用上下楼层之间的关联性制服了贪婪的地主。

老农向一位地主借了 100 枚金币。他请来几位朋友与家人一起辛辛苦苦地盖了一座两层楼房。

老农还没搬进新楼房，地主就企图把楼上那一层弄过来自己住，算是老农拿房子抵债。他对老农说："请把二层让给我住，我借给你的那 100 枚金币就算是抵销了。不然，请你马上还我钱。"

老农听了地主的话，显出很不情愿的样子，说道："地主老爷，我一时半会儿还不了您的钱，就照您的意思办吧！"

第二天，地主全家喜气洋洋地搬进了新房子的二楼，过了数日，老农请来几位朋友和邻居，大家一齐动手拆起一层的房子来。地主听见楼下有声音，跑下来一看，吃惊地叫道："你疯了吗，为什么要拆新盖的房子？"

"这不关你的事，你在家里睡你的觉吧！"老农一边拆墙一边若无其事地说。

"怎么不关我的事呢？我住在二楼，你拆了一楼，二楼不就塌下来了吗？"地主急得直跺脚。

"我拆的是我住的那一层，又没拆你住的那一层，这与你没什么关系，请你好好看住你那一层，可别让它塌下来压伤了我和我的朋友。"老农说完，又高高地抡起了铁锹。

"请看在我们多年交情的份儿上，我们可以好好商量商量，请把你的那一层也卖给我好吗？"地主无奈，只好放软口气。

"如果你真心实意想买，就请你给我200枚金币。"老农说道。

"你……你……"地主气得说不出话来。

"地主老爷，你不要吞吞吐吐，200枚金币少一个子儿我也不卖，我是拆定了。"说着，老农又高高举起了铁锹。

"别拆，别拆！我买，我买还不行吗！"地主只好拿出200枚金币买下了这所房子。

老农的聪明之处就是利用房子之间具有关联性，却向地主装糊涂，强调一层的独立性。

系统思维法充分利用了事物间的关联性，在既看到"树木"的同时，又能够看到"森林"，而且诸多要素之间是"牵一发而动全身"的关系，所以说，它是一种有效的解决问题的方法。

# 第七章

# 辩证思维——真理就住在谬误的隔壁

# 简说辩证思维

有一天，苏格拉底遇到一个年轻人正在向众人宣讲"美德"。苏格拉底就向年轻人去请教："请问，什么是美德？"

年轻人不屑地看着苏格拉底说："不偷盗、不欺骗等品德就是美德啊！"

苏格拉底又问："不偷盗就是美德吗？"

年轻人肯定地回答："那当然了，偷盗肯定是一种恶德。"

苏格拉底不紧不慢地说："我在军队当兵，有一次，接受指挥官的命令深夜潜入敌人的营地，把他们的兵力部署图偷了出来。请问，我这种行为是美德还是恶德？"

年轻人犹豫了一下，辩解道："偷盗敌人的东西当然是美德，我说的不偷盗是指不偷盗朋友的东西。偷盗朋友的东西就是恶德！"

苏格拉底又问："又有一次，我一个好朋友遭到了天灾人祸的双重打击，对生活失去了希望。他买了一把尖刀藏在枕头底下，准备在夜里用它结束自己的生命。我知道后，便在傍晚时分溜进他的卧室，把他的尖刀偷了出来，使他免于一死。请问，我这种行为是美德还是恶德啊？"

年轻人仔细想了想，觉得这也不是恶德。这时候，年轻人很惭愧，他恭恭敬敬地向苏格拉底请教什么是美德。

苏格拉底对年轻人的反驳运用的就是辩证思维。辩证思维是指以变化发展视角认识事物的思维方式，通常被认为是与逻辑思维相对立的一种思维方式。在逻辑思维中，事物一般是"非此即彼""非真即假"，而在辩证思维中，事物可以在同一时间里"亦此亦彼""亦真亦假"而无碍思维活动的正常进行。

谈到辩证思维，我们不能不提到矛盾。正因为矛盾的普遍存在，才需要我们以变化、发展、联系的眼光看问题。就像苏格拉底能从年轻人给出的美德的定义中找到诸多矛盾，就是因为年轻人忽视了辩证思维，或者他并不懂得应该辩证地看待事物。

我们的生活无处不存在矛盾，也就无处不需要辩证思维的运用。

从下面的故事中你也许可以体会出矛盾的普遍性，以及辩证思维的奇妙之处。

从前有一个老和尚，在房中无事闲坐着，身后站着一个小和尚。门外有甲、乙两个和尚争论一个问题，双方争执不下。一会儿甲和尚气冲冲地跑进房来，对老和尚说："师傅，我说的这个道理，是应该如此这般的，可是乙却说我说得不对，您看我说得对还是他说得对？"老和尚对甲和尚说："你说得对！"甲和尚很高兴地出去了。过了几分钟，乙和尚气愤愤地跑进房来，他质问老和尚说："师傅，刚才甲和我辩论，他的见解是错误的，我是根据佛经上说的，我的意思是如此这般，您说是我说得对呢？还是他说得对？"老和尚说："你说得对！"乙和尚也欢天喜地地出去了。乙走后，站在老和尚身后的小和尚，悄悄地在老和尚耳边说："师傅，他俩争论一个问题，要么就是甲对，要么就是乙对，甲如对，乙就不对；乙如对，甲就肯定错啦！您怎么可以向两个人都说你对呢？"老和尚掉过头来，对小和尚望了一望，说："你也对！"

故事中的主人公并非是非不分，而是两位和尚从不同角度对问题的理解都是正确的。这也说明了我们的生活中许多事物并不只存在一个正确答案，若尝试用辩证思维去思考，往往会看到问题的不同维度，也就会得到许多不同的见解，而不致视角产生偏颇。

# 对立统一的法则

在生活中，我们找不到两片完全相同的树叶，同样，也不存在绝对的对与错。所有的判断都是以一个参照物为标准的，参照物变化了，结论也就变化了。这使得事物本身存在着矛盾，而这个对立统一的法则，是唯物辩证法的最根本的法则。

著名的寓言作家伊索，年轻时当过奴隶。有一天他的主人要他准备最好的酒菜，来款待一些哲学家。当菜都端上来时，主人发现满桌都是各种动物的舌头，简直就是一桌舌头宴。客人们议论纷纷，气急败坏的主人将伊索叫了进来问道："我不是叫你准备一桌最好的菜吗？"

只见伊索谦恭有礼地回答："在座的贵客都是知识渊博的哲学家，需要靠着舌头来讲述他们高深的学问。对他们来说，我实在想不出还有什么比舌头更好的东西了。"

哲学家们听了他的陈述都开怀大笑。第二天，主人又要伊索准备一桌最不好的菜，招待别的客人。宴会开始后，没想到端上来的还是一桌舌头，主人不禁火冒三丈，气冲冲地跑进厨房质问伊索："你昨天不是说舌头是最好的菜，怎么这会儿又变成了最不好的菜了？"

伊索镇静地回答："祸从口出，舌头会为我们带来不幸，所以它也是最不好的东西。"

一句话让主人哑口无言。

在不同的时间、不同的地点，对不同的对象，最好的可以变成最坏的，最坏的亦可变成最好的。这就是辩证的统一。

还有一个故事，可以让我们领会到应如何运用对立统一法则。

海湾战争之后，M1A2 型坦克开始装备美军。这种坦克的防护装甲是当时世界上最坚固的，它可抵抗时速超过 4500 千米、单位破坏力超过 13500 千克的打击力量。那么，这种品质优异的防护装甲是如何研制成功的呢？

乔治·巴顿中校是美国陆军最优秀的坦克防护装甲专家之一。他接受研制 M1A2 型坦克装甲的任务后，立即拽来了一位"冤家"作为搭档——著名破坏力专家迈克·舒马茨工程师。两人各带一个研究小组开始工作。所不同的是，巴顿所带的研制小组，负责研制防护装甲；舒马茨带的则是破坏小组，专门负责摧毁巴顿研制出来的防护装甲。

刚开始，舒马茨总是能轻而易举地把巴顿研制的坦克炸个稀巴烂。但随着时间的推移，巴顿一次次地更换材料，修改设计方案，终于有一天，舒马茨使尽浑身解数也未能破坏这种新式装甲。于是，世界上最坚固的坦克在这种近乎疯狂的"破坏"与"反破坏"试验后诞生了。巴顿与舒马茨也因此而同时荣膺了紫心勋章。

　　利用"破坏"与"反破坏"的矛盾关系制造坦克装甲的过程，也就是利用辩证思维中对立统一法则，巧妙处理事物的矛盾的过程。这也是在告诉我们，当事物的一个方面对我们不利时，可以考虑将它的两个方面特性统一起来，使其互相补充、互相促进。

----

# 在偶然中发现必然

———————

太阳的东升西落，地球运行的轨道，潮起潮落，月亮的阴晴圆缺，春夏秋冬的更替，一切都有自身的规律。

任何事情的发生，都有其必然的原因。有因才有果。换句话说，当你看到任何现象的时候，你不要觉得不可理解或者奇怪，因为任何事情的发生都必有其原因。

格德纳是加拿大一家公司的普通职员。一天，他不小心碰倒了一个瓶子，瓶子里装的液体浸湿了桌上一份正待复印的重要文件。

格德纳很着急，心想这下可闯祸了，文件上的字可能看不清了。

他赶紧抓起文件来仔细查看，令他感到奇怪的是，文件上被液体浸染的部分，其字迹依然清晰可见。

当他拿去复印时，又一个意外情况出现了，复印出来的文件，被液体污染后很清晰的那部分，竟变成了一团黑斑，这又使他转喜为忧。

为了消除文件上的黑斑，他绞尽脑汁，但一筹莫展。

突然，格德纳的头脑中冒出一个针对"液体"与"黑斑"倒过来想的念头。自从复印机发明以来，人们不是为文件被盗印而大伤脑筋吗？为什么不以这种"液体"为基础，化其不利为有利，研制一种能防止盗印的特殊液体呢？

格德纳利用这种逆向思维，经过长时间艰苦努力，最终把这种产品研制成功。但他最后推向市场的不是液体，而是一种深红的防影印纸，并且销路很好。

格德纳没有放过一次复印中的偶然事件，由字迹被液体浸染后变清晰，复印出的却是黑斑这一现象，联想到文件保密工作中的防止盗印，由此开发了防影印纸。不可不说他抓住了一个创新的良机。

衣物漂白剂的发明与此有异曲同工之妙，也是源于一次偶然的发现。

吉麦太太洗好衣服后，把拧干的洗涤物放到一边，疲倦地站起来伸伸腰。这时，吉麦先生下意识地挥了一下画笔，蓦地，蓝色颜料竟沾在了洗好的白衬衣上。

他太太一面嘀咕一面重洗。但雪白的衬衣因沾染蓝色颜料，任她怎么洗，仍然带有一点淡蓝色。她无可奈何地只好把它晒干。结果，这件沾染蓝颜料的白衬衣，竟更鲜丽，更洁白了。

"呃！这就奇怪啦！沾染颜料竟比以前更洁白了！"

"是呀！的确比以前更白了，奇怪！"他太太也感到惊异。

翌日，他故意像昨天一样，在洗好的衣服上沾染了蓝颜料，结果晒干的衬衣还是跟上次一样，显得异常明亮、雪白。第三天，他又试验了一次，结果仍然一样。

吉麦把那种颜料称为"可使洗涤物洁白的药"，并附上"将这种药少量溶解在洗衣盆里洗涤"的使用法，开始出售。普通新产品是不容易推销的，但也许是他具有广告的才能吧，吉麦的漂白剂竟出乎意料地畅销。凡是使用过的人，看着雪白得几乎发亮的洗涤物，无不啧啧称奇，赞许吉麦的"漂白剂"。

一经获得好评后，这种可使洗涤物洁白的"药"——蓝颜料和水的混合液，就更受家庭主妇的欢迎。

吉麦发明这种漂白剂出于偶然，由此可见，如果能抓住偶然发现的东西，也是一种发明或创造的方法。

事物是有规律的，偶然中蕴含着必然，对生活中的偶然现象不能轻易放过，仔细观察、善于思考，也许你会从中获得一些意外的发现。

# 永远不变的是变化

---

一条鲷鱼和一只蝾螺在海中，蝾螺有着坚硬无比的外壳，鲷鱼在一旁赞叹着说："蝾螺啊！你真是了不起呀！一身坚硬的外壳一定没人伤得了你。"

蝾螺也觉得鲷鱼所言甚是，正扬扬得意的时候，突然发现敌人来了，鲷鱼说："你有坚硬的外壳，我没有，我只能用眼睛看个清楚，确知危险从哪个方向来，然后，决定要怎么逃走。"说完，鲷鱼便"咻"的一声游走了。

此刻，蝾螺心里想：我有这么一身坚固的防卫系统，没人伤得了我！便关上大门，等待危险的过去。

蝾螺等呀等，等了好长一段时间，心里想：危险应该已经过去了吧！

当它把头冒出来透气时，不禁扯破了喉咙大叫："救命呀！救命呀！"

原来，此时它正在水族箱里，面对的是大街，而水族箱上贴着的是：蝾螺 ×× 元一斤。

故事中的蝾螺认为封闭自己就可以躲避危险，却落得了成为盘中餐的悲惨结局。

这个故事也在告诉我们，我们生活在一个瞬息万变的世界里，唯一不变的东西是变化本身，所以我们要做的并不是将自己与外界隔绝，而是应积极地改变自己，辩证地看待问题，以适应变化的环境。

有时，面对外界的变化，我们唯有作出改变，才能更加接近成功。就像下面故事中的长今一样。

《大长今》第七集，长今为帮助朋友，私自出宫犯了戒律，被发配到"多栽轩"种药草。

凡被赶出宫的人，肯定再也没有机会回到宫中了，长今几乎绝望。

更让人绝望的是，"多栽轩"从长官到普通职员，整天庸庸碌碌，除了喝酒，就是睡觉，他们对生活已失去了最起码的希望。

这是一个可怕的环境，足以消磨任何人的斗志和信念，所有来这里的人都变得麻木和无所作为。

但长今一生的信念是学好厨艺，目标是当上宫中的"最高尚宫娘娘"。

现在她被赶出宫，理想应当破灭了。

可当长官告诉她有一种珍贵的药材，还从来没有人种植成功过，长今惊喜万分，马上明白了自己在"多栽轩"的使命。

从此她的生活有了希望和目标——立刻静下心来，在"多栽轩"安心地学习，并种植出珍贵的药材，结果她成功地种出了在朝鲜从来没有人种出过的药材。

"多栽轩"轰动了，所有的人都来帮助长今种植这种稀有的药材。

周围一群只知道喝酒、睡觉的人，都成了勤劳的能工巧匠，对一切都已经麻木的长官，在关键的时候却成了拯救长今的贵人。

长今再次回到了一生追求的目标——当宫中的"最高尚宫娘娘"。

宇宙是运动着的，地球也在不停地运动，世界上千万事物每刻都在发生变化，人在变、物在变，我们周边的生活环境也在变。相应地，我们也要用变化的眼光、灵活的头脑、运动的心态，看待、分析、思索身边的万事万物。无论世界多么变幻无常，只要你能从中把握自己，肯定会处理得明明白白。

# 塞翁失马，焉知非福

靠近边塞的地方，住着一位老翁。老翁精通术数，善于占卜。有一次，老翁家的一匹马，无缘无故挣脱缰绳，跑入胡人居住的地方去了。邻居都来安慰他，他心中有数，平静地说："这件事难道不是福吗？"几个月后，那匹丢失的马突然又跑回家来了，还领着一匹胡人的骏马一起回来。邻居们得知，都前来向他家表示祝贺。老翁无动于衷，坦然道："这样的事，难道不是祸吗？"老翁的儿子生性好武，喜欢骑术。有一天，他儿子骑着胡人的骏马到野外练习骑射，烈马脱缰，他儿子摔断了大腿，成了终身残疾。邻居们听说后，纷纷前来慰问。老翁不动声色，淡然道："这件事难道不是福吗？"又过了一年，胡人侵犯边境，大举入塞。四乡八邻的精壮男子都被征召入伍，拿起武器去参战，死伤不可胜计。靠近边塞的居民，十室九空，在战争中丧生。唯独老翁的儿子因残疾，没有去打仗。因而父子得以保全性命，安度残年余生。

老翁能够如此淡然地看待得与失，在于他一直在辩证地看问题，将辩证思维恰如其分地运用到了生活当中。

其实,真实的生活无处不存在辩证法,它不会有绝对的好,也不会有绝对的坏。在此处的好到了彼处也许就变成了坏,同理,此处的坏到了彼处也许可以演化为好。就如我们的优势,在特定的环境中可以发挥得淋漓尽致,而脱离了这片土壤,也许会成为前进的绊脚石。

一个强盗正在追赶一个商人,商人逃进了山洞里。山洞极深也极黑,强盗追了上去,抓住了商人,抢了他的钱,还有他随身带的火把。山洞如同一座地下迷宫,强盗庆幸自己有一个火把。他借着火把的光在洞中行走,他能看清脚下的石头,能看清周围的石壁。因此他不会碰壁,也不会被石头绊倒。但是,他走来走去就是走不出山洞。最终,他筋疲力尽后死去。

商人失去了一切,他在黑暗中摸索行走,十分艰辛。他不时碰壁,不时被石头绊倒。但是,正因为他置身于一片黑暗中,他的眼睛能敏锐地发现洞口透进的微光,他迎着这一缕微光爬行,最终逃离了山洞。

世间本没有绝对的强与弱,这与环境的优劣、际遇的好坏等都是息息相关的。就像强盗因光亮而死去,商人因黑暗而得以存活,不正是辩证的恰当诠释吗?

我们总喜欢追求完美,认为完美才能得到快乐和幸福,稍有缺憾,便想方设法去弥补,殊不知残缺也是一种美。

从前,有一个国王,他有七个女儿,这七位美丽的公主是国王的骄傲。她们都拥有一头乌黑亮丽的头发，所以国王送给她们每人一百个漂亮的发卡。

有一天早上，大公主醒来，一如往常地用发卡整理她的秀发，却发现少了一个发卡。于是她偷偷地到了二公主的房里，拿走了一个发卡；二公主发现少了一个发卡，便到三公主房里拿走一个发卡；三公主发现少了一个发卡，也偷偷地拿走四公主的一个发卡；四公主如法炮制拿走了五公主的发卡；五公主一样拿走了六公主的发卡；六公主只好拿走七公主的一个发卡。

于是，七公主的发卡只剩下九十九个。

隔天，邻国英俊的王子忽然来到皇宫，他对国王说："昨天我的百灵鸟叼回了一个发卡，我想这一定是属于公主们的，这真是一种奇妙的缘分，不晓得是哪位公主掉了发卡？"

公主们听到这件事，都在心里说："是我掉的，是我掉的。"可是头上明明完整地别着一百个发卡，所以心里都懊恼得很，却说不出。只有七公主走出来说："我掉了一个发卡。"话才说完，一头漂亮的长发因为少了一个发卡，全部披散下来，王子不由得看呆了。

故事的结局，自然是王子与七公主从此一起过着幸福快乐的日子。

生活中我们总为失去的东西而懊恼，而悔恨，但是，用辩证思维来思量一番，就会发现，一时的失去也许会换得长久的拥有，一丝的缺憾也许会得到更美好的生活。世间万事万物无不如此。

# 把负变正的力量

————

假如你遭遇人生变故，全部财产只有一个又酸又涩的柠檬，你会怎样做？

有的人自暴自弃地说："我垮了。这就是我的命运，我连一点机会也没有了。"然后他就开始诅咒这个世界这么不公平，他只能让自己沉溺在自怜之中。当然他面临的也只能是失败了。

而善于运用辩证思维的人则会说："从这件不幸的事情中，我可以学到什么呢？我怎样才能改善我的境遇，怎样才能把这个柠檬做成一杯柠檬水呢？"因为他们知道事物之间的特性是可以转化的。

有一位住在佛罗里达州的农夫，甚至把一个"毒柠檬"做成了柠檬水。当时他在那里买下了一片农场，可是他买的那块地糟糕得既不能种水果，也不能做牧场，能生长的只有白杨树和响尾蛇。那时候，他觉得非常颓丧，但是他并没有就此放弃。最后他想到了一个好主意，就是把他所拥有的那一切变成一种资产。他要利用那些响尾蛇。他的做法使每一个人都很吃惊，他开始想办法加工那些响尾蛇，最后把它们做成蛇肉罐头。

另外他从全国各地引来了各种各样的白杨树种，然后吸引大批游客来参观他的响尾蛇农场和白杨林。他的生意越做越大，最后竟然以他的农场为中心形成了一个小小的开发区。为了纪念他把有"毒"的柠檬做成了甜美的柠檬水，这个村子现在已改名为佛州响尾蛇村。

每一样东西都有它的价值，都可以开发出相应的卖点。即使给你一个"毒柠檬"，也要想办法把它做成一杯柠檬水。

伟大的心理学家阿佛瑞德·安德尔花了一辈子的时间来研究人类所隐藏的保留能力之后，他说，人类最奇妙的特性之一，就是"把负的力量变成正的力量"。有一次，世界有名的小提琴演奏家欧利·布尔在法国巴黎举行一场音乐会。演奏时，小提琴上的 A 弦突然断了。欧利·布尔就用另外的那三根弦演奏完了那支曲子。"这就是生活，如果你的 A 弦断了，就在其他三根弦上把曲子演奏完。"

如果我们能够做到，请把这句话写下来，挂在你的床头：生命中最重要的，就是不要把你的收入拿来算作资本，要从你的损失里获利，这就需要才智。

所以，我们要培养能够带给你平安和快乐的心理，"当命运交给我们一个柠檬的时候，我们就试着去把它做成一杯柠檬水"。换个角度看世界，你也许就能够把不幸变为幸福。

有一个年轻人中学毕业后没有考上大学，他感到心灰意冷，为了糊口，只好去了一个理发店学理发。没干多久，他就觉得理发没有出息，后来又去当兵，几年后复员回家，还是找不到像样的工作，只好回到理发店理发。他觉得命运对他的安排就是理发，既然这样，就把理发这件事做好，于是，他调整了自己的心态，爱上了这一工作，并立志要成为最优秀的理发师。几年之后，他真的成功了，并拥有了自己的理发店。

这位年轻人从不喜欢这一工作到喜欢这一工作，从觉得没出息到做得有出息，全在于及时进行心态的自我调整。

如果他永远抱着以前的想法，不及时自我调整，那么他的人生就永远是失败的。

虽然人人都知道行行出状元这句老话，但是到了自己头上却难以接受现实。许多人失去工作后，宁可在家闲着，坚守贫困，也不愿去干那些所谓"下贱"的工作，这都是不能及时自我调整的表现。

人生需要不断进行自我角色转换，因为社会生活在不断发生变化。今天你可能在某个位置，明天也许就没有了。如果想不开，就只能是人生悲剧。运用辩证思维，及时转换，就可能"柳暗花明又一村"。

# 第八章

# 共赢思维——化冲突为合作的高效沟通艺术

# 大家好才是真的好

螃蟹在陆地上也可以生存，不过离开水的时间不能太久，所以它们就不停地吐泡沫来弄湿自己和伙伴。一只螃蟹吐的沫是不大可能把自己完全包裹起来的，但几只螃蟹一起吐泡沫连接起来就形成了一个大的泡沫团，它们也就营造了一个能够容纳它们的富含水分的生存空间，彼此都争取到了生存的机会，营造了一种共赢的氛围。

这已经不是一个"天下唯我独尊"的时代，今天人们更倾向于达到一种共荣共赢的状态，这时，共赢思维的培养便显得重要和迫切。

共赢思维是一种基于互敬、寻求互惠的思考框架，目的是获得更多的机会、财富及资源，而非敌对式竞争。共赢既非损人利己，亦非损己利人。我们的工作伙伴及家庭成员要从互赖式的角度来思考。共赢思维鼓励我们解决问题，并协助个人找到互惠的解决办法，是一种信息、力量、认可及报酬的分享。

共赢思维的基础是存在大量的非"零和游戏"。"零和游戏"使人们不得不分出你我来，因为只能是"一正一负"的结果。而现实中存在大量的非"零和游戏"，也就是存在大家都得"正"的机会，而且多数情况下，我们把握得当，完全可以做到大家一直"正"下去。

下面这个故事，可以让我们更形象地认识共赢。

在美国一个农村，住着一个老头，他有3个儿子。大儿子、二儿子都在城里工作，小儿子和他在一起，父子相依为命。

突然有一天，一个人找到老头，对他说："尊敬的老人，我想把你的小儿子带到城里去工作。"

老头气愤地说："不行，绝对不行，你滚出去吧！"

这个人说："如果我给你儿子找的对象，也就是你未来的儿媳妇是洛克菲勒的女儿呢？"

老头想了想。终于，让儿子当上洛克菲勒女婿这件事打动了他。

过了几天，这个人找到洛克菲勒，对他说："尊敬的洛克菲勒先生，我想给你的女儿找个对象。"

洛克菲勒说："快滚出去吧！"

这个人又说："如果我给你女儿找的对象，也就是你未来的女婿是世界银行的副总裁，可以吗？"

洛克菲勒同意了。

又过了几天，这个人找到了世界银行总裁，对他说："尊敬的总裁先生，你应该马上任命一个副总裁！"

总裁先生说："不可能，这里这么多副总裁，我为什么还要任命一个副总裁呢，而且还必须是马上？"

这个人说："如果你任命的这个副总裁是洛克菲勒的女婿，可以吗？"

总裁先生同意了。

在这里，我们不去探究故事的真伪，而将目光着重放在共赢局面的打造上。故事中的人物都得到了一个"正"的结果：年轻人从一个穷小子一跃成为世界银行副总裁，而且娶到了富豪的女儿；洛克菲勒得到了一个做世界银行副总裁的女婿，对日后的商业活动大有益处；世界银行的总裁得到了洛克菲勒的女婿做副手，以后可以更好地与大财团合作，以增加自己的效益；至于中间的介绍人，故事中虽未说明他会得到怎样的好处，但我们不难想象出他也是整个事业中的大赢家。因为他，三方都拥有了难得的好收益，又怎会怠慢这位牵线人呢？

这个故事很好地体现了介绍人的共赢思维，他巧妙的举动使几个毫无关系的人紧密地联系到了一起，并打造了共赢的局面，真正地体现了共赢思维法的主旨——大家好才是真的好。

无论是在日常生活中还是在商业活动中，"大家好才是真的好"一直是智者坚持奉行的理念。每一个人、每一个组织都不是孤立的个体，尤其是当今社会，人与人之间的联系更加紧密，事与事之间的关联之紧也常常超乎我们的想象。欲寻求更大的收益，越来越不能仅靠自己，而是同其他人结为利益共同体，向着共赢一起努力。李嘉诚的买卖不可谓不大，他的生意经中就有这样一条：只有自己赚钱的买卖坚决不做，钱要大家赚才好。

拥有了共赢思维，我们就可以团结更多的人，大家一起将"饼"

做大，一边享受"大饼"，一边继续一起做"饼"。"饼"是可以越做越大的，不要着急分"饼"，而且，重要的不是现在摆在面前的"小饼"，而是大家如何一起尽快做出"大饼"！

# 从孤军奋战走向团队共赢

非洲大陆上有一种甜瓜，它是土豚的最爱。然而土豚并不是吃了之后就拍拍屁股走人，它还要把自己的粪便用泥土埋起来，因为那粪便中混有未消化的甜瓜种子。就这样，土豚"种"下了很多甜瓜，那些种子有土有肥，来年会结出更多的甜瓜，土豚就有了更多的食物。土豚和甜瓜互利互惠，彼此都得以繁衍生息。

淡水龙虾被放在高高的直立而光滑的桶里，但要是不盖上盖子它们还真能逃走。为什么呢？仔细观察，你就会发现，原来它们一个顶着一个组成了一架长长的"虾梯"，齐心协力地摆脱即将成为人类盘中餐的厄运。

在职业生涯的进程中，一定要牢记与人合作共赢的道理。一人为人，二人为从，三人为众，众人拾柴火焰高。看看这些自然界的例子，我们不难理解，束缚我们的并不是外界的客观因素，而是我们自己那颗不肯与人方便、不肯与人共利的心。

知识经济时代，是以合作共赢为主题的时代。科学技术的迅速发展，使专业化分工成为必然的工作方式，专业化人才必须互相配合，才能取得最大的效益。单兵作战的方式已经不适应现代社会与经济的发展，团队协作的合力才更具有竞争性。现在，团队合作的意识和能力，已经成为所有企业和公司选人、用人的基本标准之一。

　　一个人要想在事业上成功，除了自己的努力，还需要与人合作。如果一个人只知有己，不知有人，那么，他的努力会在别人的反对或掣肘之下劳而无功。中国房地产界的巨人万科的老总王石曾在一次业界沙龙上说："超过25%的利润万科不做。"当场引来一片哗然。其实，万科这样做，是将利润让给合作者和客户，虽然一笔生意少赚一点，但会有后续的生意滚滚而来，这样才可以保证利润之流长久不息。

　　人生有"三成"，即"不成""小成""大成"。依赖别人、受别人控制和影响的人将终生一事无成；孤军奋战、不善合作的人，只能取得有限的成功；只有善于合作、懂得分享、利人利己的人才能成就轰轰烈烈的大事业，实现人生的大成功。

　　所以，我们必须转变思维，彻底打破非输即赢的陈旧思维模式，从"我"走向"我们"。"好风凭借力，送我上青云"，所以我们要从孤军作战走向团队共赢。

# 优势互补实现共赢

社会在变，思想观念在变，我们的生存方式也在变。现在的社会是一个充满着各种竞争的社会，也是一个进行优势互补才能求生存的社会。

优势互补在我们的生活中起着越来越重要的作用，只有通过优势互补才能实现最终的共赢。

曾看到一则小故事，它很好地诠释了共赢的思维力量。写在这里与大家分享：

从前，有两个饥饿的人得到了一位长者的恩赐：一根渔竿和一篓鲜活硕大的鱼。他们其中一个人要了鱼，另一个人要了渔竿。

得到鱼的那个饥饿的人立刻在原地用干柴搭起篝火煮起了鱼，他狼吞虎咽，还没有品出鲜鱼的肉香，转瞬间就连鱼带汤地吃了个精光。不久，他便饿死在空空的鱼篓旁。

另一个饥饿的人继续忍饥挨饿，提着渔竿一步步艰难地向海边走去。可当他已经看到不远处那片蔚蓝色的海水时，连浑身的最后一点力气也用完了，他也只能眼巴巴地带着无尽的遗憾撒手人寰。

后来，又有两个饥饿的人，他们同样得到了长者恩赐的一根渔竿和一篓鱼。只是，他们并没有各奔东西，而是商量共同去找寻大海，他俩每次只煮一条鱼。

他们经过遥远的跋涉，来到了海边，开始以捕鱼为生。几年后，他们盖起了房子，还有了各自的家庭，过上了幸福的生活。

同样的资源，同样的处境，后面两个人不但能活下来，而且能够过上幸福的生活，而前面两个人只能活活饿死，这其中的差别就在于互补。善于优势互补的人能够取人之长，补己之短，使有限的资源得到最大化的利用；而不善于互补的人面对困境则愁眉不展，束手无策。

生活中需要人与人之间的优势互补，来实现双方利益的最大化，商业世界中同样需要优势互补，互通有无，对双方占有的资源进行合理配置、有机组合，共同在商业大潮中获利。短信与QQ的结合就是其中一例。

当初开发QQ时，大家并不知道它的商业模式。当拥有上千万用户时，大家还有些恐慌，因为这需要大量的服务器资源，这需要投入，而大家依然不明白应该如何挣钱。移动QQ的出现，不仅使腾讯获得了极大收益，而且使参与其中的中国移动、网络增值服务商、有关网站也受益匪浅。短信的爆炸式增长，是中国移动始料不及的。互联网站参与之后，短信更大范围的增长更是出乎人们的意料。有消息说，短信的分成已经成为部分网站的主要收入来源。不管怎样，大家各有各的资源：电信运营商拥有大量客户、QQ拥有大量使用者、网站吸引着上亿眼球，这些资源的整合，产生了极大的经济效益，让所有参与者都从中获得了收益。

现在，越来越多的人意识到了共赢的重要性，几乎每一个企业在招聘员工时都将是否具有共赢思维作为重点考察项目，事实也证明，只有那些具有共赢思维并能找到方法达到共赢的人才会有更好的发展。

一家世界500强企业在招聘高层管理人员时，有9名优秀应聘者经过初试，从上百人中脱颖而出，进入了由公司总裁亲自把关的复试。

总裁看过这9人详细的资料和初试成绩后，相当满意。但此次招聘只录取3个人。所以，总裁给大家出了最后一道题。

总裁把这9个人随机分成甲、乙、丙三组，指定甲组的3个人去调查本市婴儿用品市场；乙组的3个人调查妇女用品市场；丙组的3个人去调查老年人用品市场。

总裁解释说："我们录取的人是负责开发市场的，所以，你们必须对市场有敏锐的观察力。让大家调查这些行业，是想看看大家对一个新行业的适应能力。每个小组的成员务必全力以赴！"临走的时候，总裁补充道："为避免大家盲目开展调查，我已经叫秘书准备了一份相关行业的资料，走的时候自己到秘书那里去取！"

两天后，9个人都把自己的市场分析报告送到了总裁那里。总裁看完后，站起来走向丙组的3个人，分别与之一一握手，并祝贺道："恭喜三位，你们已经被本公司录取了！"然后，总裁看见大家疑惑的表情，呵呵一笑道："请大家打开我叫秘书给你们的资料，互相看看。"

原来，每个人得到的资料都不一样，甲组的 3 个人得到的分别是本市婴儿用品市场过去、现在和将来的分析，其他两组也类似。

总裁说："丙组的 3 个人很聪明，互相借用了对方的资料，补充了自己的分析报告。而甲、乙两组的 6 个人却分头行事，抛开队友，自己做自己的。我出这样一个题目，其实最主要的目的，是想看看大家是否具备共赢思维。甲、乙两组失败的原因在于，他们没有为取得更好的结果去寻找更好的方法，他们忽视了队友的存在！要知道，建立在优势互补上的共赢思维才是现代企业成功的保障！"

通过优势互补，不仅可以给自己增加机会，也可以促成他人的成功，最终实现多方的共赢，应该成为指导我们行动的指南。

共赢思维要求每一个人都有开放的思维和博大的胸怀，让所有人都感觉到团队比自我强大，正如张瑞敏在《海尔是海》中所说的："海尔应像海，唯有海能以博大的胸怀纳百川而不嫌其细流，容污浊且能净化为碧水。正如此，才有滚滚长江、浊浊黄河、涓涓细流，不惜百折千回，争先恐后，投奔而来，汇成碧波浩渺、万世不竭、无与伦比的壮观！一旦汇入海的大家庭中，每一分子便紧紧地凝聚在一起，不分彼此形成一个团结的整体，随着海的号令执着而又坚定不移地冲向同一个目标，即使粉身碎骨也在所不辞。因此，才有了大海摧枯拉朽的神奇。"

# 树立"助人即是助己"的意识

生命像回声,你送出什么它就送回什么,你播种什么就收获什么,你给予什么就得到什么。你想要别人是你的朋友,首先你得是别人的朋友。

把别人的忧虑当成自己的忧虑的人,别人也会忧虑着他的忧虑;把别人的快乐当成自己的快乐的人,别人也会快乐着他的快乐。用利益帮助别人的人,别人也会用利益帮助他;用道德对待别人的人,别人也会用道德回报他。助人即是助己,这就是共赢思维中的人生哲理。

爱护别人的人,别人会爱护他;尊敬别人的人,别人会尊敬他。爱护别人就是爱护自己,帮助别人就是帮助自己,成就别人就是成就自己。

得到大多数人帮助的人,成功就大;得到少数人帮助的人,成功就小;得不到别人帮助的人,只有失败,没有成功。希望获得别人帮助的人,首先要帮助别人。

一年冬天，年轻的哈默随同伴来到美国南加州一个名叫沃尔逊的小镇，在那里，他认识了善良的镇长杰克逊。正是这位镇长，对哈默后来的成功影响巨大。

一天，下着小雨，镇长门前花圃旁边的小路成了一片泥淖。于是行人就从花圃里穿过，弄得花圃一片狼藉。哈默不禁替镇长痛惜，于是不顾寒雨淋身，独自站在雨中看护花圃，让行人从泥淖中穿行。

这时出去半天的镇长满面微笑地从外面挑回一担煤渣，从容地把它铺在泥淖里。结果，再也没有人从花圃里穿过了。镇长意味深长地对哈默说："你看，给人方便，就是给自己方便。我们这样做有什么不好？"

后来，哈默通过艰苦的奋斗成了美国石油大王。一天深夜，他在一家大酒店门口被黑人记者杰西克拦住，杰西克问了他一个最敏感的话题："为什么前一阵子阁下对东欧国家的石油输出量减少了，而你最大的对手的石油输出量却略有增加？这似乎与阁下现在的石油大王身份不符。"

哈默听了记者这个尖锐的问题，没有立即反驳他，而是平静地回答道："给人方便就是给自己方便。那些想在竞争中出人头地的人如果知道，关照别人需要的只是一点点的理解与大度，却能赢来意想不到的收获，那他一定会后悔不已。给人方便，是一种最有力量的方式，也是一条最好的路。"

每个人的心都是一个花圃，每个人的人生之旅就好比花圃旁边的小路，而生活的天空不仅有风和日丽，也有风霜雪雨。那些在雨中前行的人们如果能有一条可以顺利通过的路，谁还愿意去践踏美丽的花圃，伤害善良的心灵呢？

帮助别人就是帮助自己，给别人出路的同时为自己铺设了一条通往成功的路，这种双赢的格局应该是每一个希冀成功的人所追求的境界。那些在自己能够帮助别人时没有伸出援助之手的人，在自己需要帮助时会流下孤寂而悔恨的泪水。

1945 年，德国牧师马丁·尼莫勒说："刚开始时，纳粹镇压共产主义者，我没说话，因为我不是共产主义者。然后，他们开始迫害犹太人，我也没说话，因为我不是犹太人。接着纳粹把矛头指向商业工会，我还是没说话，因为我不属于商业工会。当他们迫害天主教徒时，我仍然没说话，因为我是个新教教徒。后来他们开始镇压新教教徒……可那个时候，我周围的人已经被迫害得一个不剩，没有人能为新教说话了。"

福乐是每个人都想享有的，如果你处处只想到自己的利益，就会众叛亲离；若过于孤立，则成功的缘分就渐渐疏离；不该得的财富你处心积虑想拥有它，到头来你会失去更多的回报和机会。

在公司里，领导应真正关心部属，关心工作伙伴，甚至关心客户，同时关心到他们的家人，让他们感觉到，这里是一个非常重视家庭生活的组织，在这里工作是希望每个人更好，甚至是他的家人都能够过得更好。用这样的理念来关心这个社会，关心周围的每一个人，使大家在关爱中实现共赢，会比仅仅追求财富上的成功或是个人的成就感要来得更有意义。

# 消除"零和"与"负和"

先来说一则寓言：

甲、乙、丙住在一个村里，甲养有很多羊，长得肥壮。乙养牛，但效果不佳，挺瘦的。而丙呢，什么也不养。有一天，丙对甲说，我用一头牛换你五只羊，可以吗？甲当然高兴，欣然同意后，丙又对乙说，我以两只肥羊换你一头瘦牛，行吗？乙也欣然应允。再后来，甲养牛，乙养的是羊，而丙则既有牛又有羊。再到后来，甲没有了羊，乙没有了牛，丙有牛也有羊。

这是一个典型的"零和游戏"。零和游戏注定了游戏中有输有赢，一方所赢正是另一方所输，游戏的总成绩永远为零。就像寓言中，虽然丙获得了丰厚的回报，但甲和乙却付出了所有的财产。因此，胜利者的光荣后面往往隐藏着失败者的辛酸和苦涩。

再来看另外一则故事：

有两个重病患者同住在一间病房里。房子很小，只有一扇窗子可以看见外面的世界。其中一个病人的床靠着窗，他每天下午可以在床上坐一个小时。另外一个人则终日都得躺在床上。

靠窗的病人每次坐起来的时候，都会描绘窗外的景致给另一个人听。从窗口可以看到公园的湖，湖内有鸭子和天鹅，孩子们在那儿撒面包片，放模型船，年轻的恋人在树下携手散步，人们在绿草如茵的地方玩球嬉戏，头顶上则是美丽的天空。

另一个人倾听着，享受着每一分钟。一个孩子差点儿跌到湖里，一个美丽的女孩穿着漂亮的夏装……朋友的诉说几乎使他感觉到自己亲眼看见了外面发生的一切。

在一个晴朗的午后，他心想：为什么睡在窗边的人可以独享外面的风景呢？为什么我没有这样的机会？他觉得很不是滋味。越是这么想，他就越想换床位。

这天夜里，他盯着天花板想着自己的心事，另一个人忽然惊醒了，拼命地咳嗽，一直想用手按铃叫护士进来。但这个人只是旁观而没有帮忙——他感到同伴的呼吸渐渐停止了。

第二天早上，护士来时那人已经死去，他的尸体被静静地抬走了。

过了一段时间，这人问他是否能换到靠窗户的那张床上。护士们搬动他，将他换到了那张床上，他感到很满意。

人们走后，他用肘撑起自己，吃力地往窗外望……

窗外只有一堵空白的墙。

如果这个人不起恶念，在晚上按铃帮助另一个人，他还可以听到美妙的窗外故事。

可是现在一切都晚了，他看到的是什么呢？不仅是自己心灵的丑恶，还有窗外的白墙———一堵冷漠的心墙。

几天之后，他在自责和忧郁中死去。

这个故事说的就是一种"负和"的局面，在负和博弈中，博弈双方得到的都是最差的结果，双方的利益增加值均为负值。就像这个故事中，自私者为了看到"窗外美景"而拒绝帮助同伴，在同伴死后，他看到的只是一堵白墙，最终忧郁而亡。两个人都没有得到收益。

上述两种"零和"与"负和"的情况是我们在生活中应极力避免的。我们追求一种共赢的局面，也就是要进行"正和"游戏，互相合作、互相帮助，使双方的利益都有所增加。

合作与如何合作是两个不同的问题。企业里常会有一些嫉妒别人的成就与杰出表现的人，他们天天想尽办法进行破坏与打压。如果企业不把这种人辞退，长此以往，组织里就只剩下一群互相牵制、毫无生产力的"螃蟹"。

每当秋天，当你见到雁群为过冬而朝南方，沿途以"V"字队形飞行时，你也许想到某种科学论点已经可以说明它们为什么如此飞。当每一只鸟展翅拍打时，造成其他的鸟立刻跟进，整个鸟群抬升。借着"V"字队形，整个鸟群比每只鸟单飞时，至少增加了71%的飞升能力。当一只大雁脱队时，它立刻感到独自飞行时的迟缓、拖拉与吃力，所以很快又回到队形中，继续利用前一只鸟所造成的浮力。

当领队的雁疲倦了，它会退到侧翼，另一只大雁则接替飞在队形的最前端。这些雁定期变换领导者，因为为首的雁在前头开路，能帮助它左右两边的雁造成局部的真空。科学家曾在风洞试验中发现，成群的雁以"V"字形飞行，比一只雁单独飞行能多飞12%的距离。

布莱克说过："没有一只鸟会升得太高，如果它只用自己的翅膀飞升。"人类也是一样，如果懂得与同伴合作而不是彼此争斗的话，往往能飞得更高、更远，而且更快。

一个没有双腿的男子，遇见了一个盲人，就向这个盲人提议，两人联合起来，可以给双方带来莫大的好处。他对盲人说："你让我趴到你的背上去，这样我可以利用你的腿，而你可以利用我的眼睛。我们两人合作，做起事来可以更快一点。"

不幸的是，许多年轻人没有这位缺腿男子的远见，他们被灌输了垃圾式的思想，那就是必须践踏别人、糟蹋别人、利用别人才能达到高峰。这些问题值得每个人、每个企业深思。

# 商业中的"和合双赢"之道

"和合"一词出于《国语·郑语》周幽王八年（公元前774年），郑桓公做王室司徒，他与太史伯谈论"兴衰之故"和"生死之道"，讲到虞夏周商之所以功业赫赫，根本原因就在于"能契合五教，以保于百姓者也"。"五教"就是父义、母慈、兄友、弟恭、子孝，太史伯指出周幽王"必弊"的原因就在于"去和取同"，因为和非同也。

商道乃和合之道，不是你死我活的关系，乃是和合的双赢和多赢关系。这就是共赢思维在商业中最直接的运用。

我们最常见的"和合双赢"是两个不同产品之间的合作与促进。如金龙鱼与苏泊尔的合作。

金龙鱼是嘉里粮油旗下的著名食用油品牌，最先将小包装食用油引入中国市场。多年来，金龙鱼一直致力于改变国人的食用油健康条件，并进一步研发了更健康、营养的第二代调和油和AE色拉油。

苏泊尔是中国炊具第一品牌，金龙鱼是中国食用油第一品牌，两者都倡导新的健康烹调观念。如果两者结合在一起，岂不是能将"健康"做得更大？

就这样，两家企业策划了苏泊尔和金龙鱼两个行业领导品牌"好油好锅，引领健康食尚"的联合推广，在全国 800 家卖场掀起了一场红色风暴……

它们首先对两大品牌作了详细的分析，发现彼此品牌的内涵有着惊人的相似："健康与烹饪的乐趣"是双方共同的主张，也是双方合作的基础。如果围绕着这个主题，双方共同推出联合品牌，在同一品牌下各自进行投入，这样双方既可避免行业差异，更好地为消费者所接受，又可以在合作时透过该品牌进行关联。由于双方都是行业领袖，强强联合使品牌的冲击力更加强大，双方都能从投入该品牌中获益。经过双方磋商，决定将联合品牌合作分为两个阶段：第一阶段通过春节档的促销活动将双方联合的信息告知消费者；第二阶段为品牌升华期，在第一阶段的基础上共同操作联合品牌。

"好油好锅，引领健康食尚"活动在全国 36 个城市同步举行。活动期间（2003 年 12 月 25 日～2004 年 1 月 25 日），顾客凡是购买一瓶金龙鱼第二代调和油或色拉油，即可领取红运双联刮卡一张，刮开即有机会赢得新年大奖，包括丰富多样的苏泊尔高档套锅（价值 600 元）、小巧动人的苏泊尔 14 厘米奶锅、一见倾心的苏泊尔"一口煎"。同时，凭红运双联刮卡购买 108 元以下苏泊尔炊具，可折抵现金 5 元；购买 108 元以上苏泊尔炊具，还可获赠 900ml 金龙鱼第二代调和油一瓶。同时，苏泊尔和金龙鱼还联合开发了"新健康食谱",编纂成册送给大家,并举办健康烹调讲座,告诉大家怎样选择健康的油和锅。

活动正值春节前后,人们买油买锅的欲望高涨。此次活动,不仅给消费者更多让利,让其购物更开心,更重要的是,教给了消费者健康知识,帮助消费者明确选择标准。通过优质的产品和健康的理念,提升了国人的健康生活品质。所以这一活动一经推出,立刻获得了广大消费者的欢迎,不仅苏泊尔锅、金龙鱼油的销售大幅上涨,而且其健康品牌的形象也深入人心。

在这次合作中,苏泊尔、金龙鱼在成本降低的同时,品牌和市场得到了又一次提升:金龙鱼扩大了自己的市场份额,品牌美誉度得到进一步加强;而苏泊尔,则进一步强化了中国炊具第一品牌的市场地位。这正是"和合双赢"的一个层面。

"和合双赢"的另一个层面是与同行合作、与竞争对手合作。

都说"同行是冤家"。面对同一领域的竞争对手,很多人常常会怒目而视,相互排挤,非要争个你死我活才肯罢休。其实,在同行业之间,竞争能够催人奋进,合作也有利于在互惠互利的基础上达成共赢,为大家创造一个良好的经营空间和利润空间。

聚沙成塔,集腋成裘。一个人的力量总是有限的,如果能够与同行业的竞争对手精诚合作,则会弥补各自的不足,借"对手"之力,达到双赢的局面。一代奇商胡雪岩就非常注重同行间的合作,他说:"同行不妒,什么事都办得成。"

胡雪岩做丝业生意的时候,同行业就有几家已经相当有规模,而胡雪岩却没有嫉妒、倾轧对方，而是设法联络他们。湖州南浔丝业"四象"之一的庞云缯"童年十五习丝业，精究利病……镇中张氏（指张源泰）、蒋氏（指三松堂蒋家）初与公合资设丝肆，大售，众忌其能，斥资以困之。公遂独操旧业……数年舍去，挟资归里，买田宅，辟宗祠，置祀产，建义庄，蔚然为望族"。可见，此人亦非等闲之辈。

胡雪岩为了将自己的丝业做得更大，便寻求对生丝颇为内行的庞云缯的合作。与人携手，资金充足，规模宏大，联系广泛，从而在丝业市场上形成了气候，胡雪岩也得以在华商中把持蚕丝的国际业务。

市场总是一定的。一行生意，同行之间由于经营内容相同，也就意味着要分享同一市场。对同一市场的分享，也就是利益的分享，因此同行间的竞争也是必然的和不可避免的，而为了各自利益，同行间互相忌妒，以至于由忌妒到倾轧、竞争，成了同行间的常事。在竞争中，或者一方取胜，另一方被迫称臣；或者两败俱伤，第三者得利；或者一时难分胜负，双方维持现状，酝酿新一轮的竞争，这似乎是我们都能理解的，也似乎是我们大家都能认可的市场规律。

在这种循环中有没有既不损害对方利益、己方又能得利的第三条路可走呢？有！那就是在自己谋利的同时，兼顾同行的利益，既为别人留余地，也给自己开财路，保持稳定的经营，达到双赢的局面。

现在很多企业打出了"和合双赢，让你先赢"的招牌，这是共赢思维下企业良性竞争的必然产物，也体现了商业发展追求和谐、追求进步的呼声。

**图书在版编目（CIP）数据**

深度思维：思维深度决定你最终能走多远/问道著.
— 北京：中国华侨出版社，2019.11（2020.8 重印）
ISBN 978-7-5113-8045-6

Ⅰ.①深… Ⅱ.①问… Ⅲ.①思维形式—通俗读物
Ⅳ.① B804-49

中国版本图书馆 CIP 数据核字（2019）第 191648 号

## 深度思维：思维深度决定你最终能走多远

| | |
|---|---|
| 著　　者： | 问　道 |
| 责任编辑： | 黄　威 |
| 封面设计： | 冬　凡 |
| 文字编辑： | 许俊霞 |
| 美术编辑： | 潘　松 |
| 经　　销： | 新华书店 |
| 开　　本： | 880mm×1230mm　1/32　印张：6　字数：128 千字 |
| 印　　刷： | 三河市万龙印装有限公司 |
| 版　　次： | 2020 年 4 月第 1 版　2021 年 4 月第 3 次印刷 |
| 书　　号： | ISBN 978-7-5113-8045-6 |
| 定　　价： | 35.00 元 |

中国华侨出版社　北京市朝阳区西坝河东里 77 号楼底商 5 号
邮编：100028
法律顾问：陈鹰律师事务所
发 行 部：（010）88893001　　　传　真：（010）62707370

如果发现印装质量问题，影响阅读，请与印刷厂联系调换。